化学领域专利
分析方法与应用

国家知识产权局专利局审查业务管理部 ◎ 组织编写

知识产权出版社
全国百佳图书出版单位

图书在版编目（CIP）数据

化学领域专利分析方法与应用/国家知识产权局专利局审查业务管理部组织编写. —北京：知识产权出版社，2018.8

ISBN 978-7-5130-5724-0

Ⅰ.①化… Ⅱ.①国… Ⅲ.①化学—专利—分析方法 Ⅳ.①G306

中国版本图书馆 CIP 数据核字（2018）第 183639 号

内容提要

本书首先对化学领域的专利分析进行了全面的介绍，主要涉及技术分解、检索、数据处理、图表制作、分析方法等内容。其次结合案例，针对不同的目的定位分别论述不同专利分析方法的具体应用，例如技术创新、产权保护、专利审查以及专利运用等。

责任编辑：王瑞璞　　　　　　　　　　责任校对：潘凤越
装帧设计：张　冀　　　　　　　　　　责任印制：刘译文

化学领域专利分析方法与应用

国家知识产权局专利局审查业务管理部　组织编写

出版发行：知识产权出版社有限责任公司	网　　址：http：//www.ipph.cn
社　　址：北京市海淀区气象路 50 号院	邮　　编：100081
责编电话：010-82000860 转 8116	责编邮箱：wangruipu@cnipr.com
发行电话：010-82000860 转 8101/8102	发行传真：010-82000893/82005070/82000270
印　　刷：北京嘉恒彩色印刷有限责任公司	经　　销：各大网上书店、新华书店及相关专业书店
开　　本：787mm×1092mm　1/16	印　　张：10
版　　次：2018 年 8 月第 1 版	印　　次：2018 年 8 月第 1 次印刷
字　　数：230 千字	定　　价：50.00 元
ISBN 978-7-5130-5724-0	

出版权专有　侵权必究

如有印装质量问题，本社负责调换。

编 委 会

主　任：张茂于

副主任：郑慧芬　雷春海

编　委：张伟波　张小凤　张海成　褚战星　张雨竹

　　　　孙悦健　苗文俊　张　倩　阚　泓　刘　伟

　　　　王进锋　田　野

化学领域专利分析方法与应用研究团队

一、项目指导
国家知识产权局： 张茂于　郑慧芬　白光清　韩秀成

二、项目管理
国家知识产权局专利局： 雷春海　张小凤　褚战星　孙　琨

三、课题组
承担部门： 国家知识产权局专利局化学发明审查部、化工行业生产力促进中心
课题负责人： 张伟波　王秀江
课题组组长： 张海成
课题组成员： 张雨竹　孙悦健　苗文俊　张　倩　阚　泓　刘　伟
　　　　　　　王进锋　田　野　褚战星　杨少星　赵　明　邢雪健

四、研究分工
数据检索： 张雨竹　孙悦健　苗文俊　张　倩　阚　泓　刘　伟
　　　　　　王进锋　田　野
数据清理： 张雨竹　孙悦健　苗文俊　张　倩　阚　泓　刘　伟
　　　　　　王进锋　田　野
数据标引： 张雨竹　孙悦健　苗文俊　张　倩　阚　泓　刘　伟
　　　　　　王进锋　田　野
图表制作： 张雨竹　孙悦健　苗文俊　张　倩　阚　泓　刘　伟
　　　　　　王进锋　田　野
报告执笔： 张伟波　张海成　张雨竹　孙悦健　苗文俊　张　倩

阚　泓　褚战星　刘　伟　王进锋　田　野

报告统稿： 张海成　张雨竹

报告编辑： 阚　泓　张雨竹

报告审校： 张伟波　王秀江

五、报告撰稿

张伟波： 主要执笔第1章

阚　泓、褚战星： 主要执笔第2章第1~3节，第4章第1节

田　野、刘　伟： 主要执笔第3章

张雨竹： 主要执笔第2章第4~5节，第4章第4节

苗文俊： 主要执笔第4章第2~3节

孙悦健： 主要执笔第5章

王进锋、张　倩： 主要执笔第6章

张海成： 参与执笔第5章

六、指导专家

行业专家（按姓氏字母排序）

王秀江　中国石油和化学工业联合会

邢雪健　化工行业生产力促进中心

杨少星　化工行业生产力促进中心

赵　明　中国石油和化学工业联合会

七、合作单位（排序不分先后）

中国石油和化学工业联合会、中国膜工业协会、蓝星集团、北京橡胶工业研究设计院、中国昊华化工集团股份有限公司、北京化工大学、东华大学、中国煤炭工业协会

目　录

第1章　专利分析的目的定位与具体运用 / 001
    1.1　专利分析的目的是挖掘专利文献的价值 / 001
        1.1.1　专利文献的三大价值 / 001
        1.1.2　专利分析的目的 / 001
        1.1.3　专利的分析方法 / 002
    1.2　专利分析在专利工作不同环节的具体运用 / 002
        1.2.1　专利工作的环节 / 002
        1.2.2　专利分析在专利工作不同环节的具体运用 / 002

第2章　服务于技术创新的专利分析法 / 004
    2.1　技术领域的创新趋势分析法 / 004
        2.1.1　通过专利申请趋势来预判创新趋势 / 004
        2.1.2　结合产业信息的创新趋势判断 / 005
        2.1.3　创新趋势的细化分析 / 007
    2.2　技术领域的研发热点分析法 / 009
        2.2.1　技术发展分析法 / 010
        2.2.2　技术功效分析法 / 010
        2.2.3　行业巨头追踪法 / 012
    2.3　技术领域的发展脉络分析法 / 018
        2.3.1　产品代际发展脉络分析 / 018
        2.3.2　产业链发展脉络分析 / 020
        2.3.3　核心技术发展脉络分析 / 024
        2.3.4　行业巨头发展脉络分析 / 032
    2.4　技术创新专利风险规避的分析法 / 036
        2.4.1　技术创新专利风险规避的分析法 / 036
        2.4.2　专利规避策略及手段 / 037
    2.5　小　结 / 038

第3章　获得产业市场竞争形势的专利分析法 / 040
    3.1　获得竞争市场的专利分析法 / 040

3.1.1　区域市场的获得 / 040
3.1.2　技术市场的获得 / 048
3.1.3　政策导向下的竞争市场 / 052
3.2　获得竞争对手的专利分析法 / 056
3.2.1　根据技术细分优势获得竞争对手 / 057
3.2.2　根据技术布局方向获得竞争对手 / 061
3.2.3　根据市场行为获得竞争对手 / 064
3.2.4　根据专利权状态和攻防行为获得竞争对手 / 065
3.3　获得企业竞争模式的专利分析法 / 070
3.3.1　重点技术的技术路线和专利布局分析 / 070
3.3.2　企业合作申请的分析 / 073
3.4　获得竞争优势的专利分析方法 / 075
3.4.1　绘制技术领域的技术路线图 / 075
3.4.2　绘制技术领域的技术功效图 / 077
3.4.3　分析竞争对手的专利申请和布局 / 079
3.5　小　结 / 080

第 4 章　服务于产权保护的专利分析方法 / 083

4.1　专利保护目标市场分析法 / 083
4.1.1　利用专利数据的市场分析 / 083
4.1.2　利用经济数据的市场分析 / 087
4.1.3　专利活动、贸易和外商直接投资之间的关系 / 093
4.2　专利布局分析法 / 094
4.2.1　传统专利布局理论分析法 / 095
4.2.2　四要素理论分析法 / 095
4.2.3　布局力度分析法 / 096
4.2.4　专利组合分析模型 / 096
4.3　产品专利保护的布局分析法 / 097
4.4　专利侵权风险预警分析法 / 100
4.4.1　风险专利的获取 / 100
4.4.2　产品侵权判定分析 / 102
4.5　小　结 / 106

第 5 章　服务于专利审查的专利分析法 / 108

5.1　提升审查员站位本领域的技术人员能力的专利分析法 / 109
5.1.1　提升审查员对普通技术知识的知晓能力 / 109
5.1.2　提升审查员对现有技术的获知能力 / 110
5.1.3　提升审查员对常规实验手段的把握能力 / 112
5.2　提高审查员从技术发展脉络理解发明能力的专利分析法 / 114

5.2.1　理解发明背景技术 / 114
　　5.2.2　理解发明构思 / 115
　5.3　提高审查员检索效率的专利分析法 / 117
　　5.3.1　数据采集处理 / 117
　　5.3.2　技术路线图 / 120
　　5.3.3　技术功效图 / 120
　　5.3.4　申请人和/或发明人 / 122
　5.4　提高审查员创造性判断的专利分析法 / 123
　　5.4.1　最接近现有技术考量 / 124
　　5.4.2　实际解决技术问题的考量 / 124
　　5.4.3　技术启示的考量 / 125
　5.5　小　结 / 130

第6章　服务于专利运用的专利分析法 / 131
　6.1　高技术价值专利筛选的分析法 / 133
　　6.1.1　重点领域及关键技术的确定 / 133
　　6.1.2　相关技术链的确定 / 134
　　6.1.3　技术路线图 / 135
　　6.1.4　技术功效图 / 138
　　6.1.5　技术创新高度 / 138
　6.2　高法律价值专利筛选的分析法 / 139
　　6.2.1　权利要求项数及技术特征筛选规则 / 139
　　6.2.2　权利要求类型筛选规则 / 142
　　6.2.3　引证专利数量筛选规则 / 143
　　6.2.4　诉讼次数筛选规则 / 143
　　6.2.5　专利寿命筛选规则 / 144
　　6.2.6　申请人和/或发明人筛选规则 / 144
　6.3　高市场价值专利筛选 / 145
　　6.3.1　同族专利数量、3/5局筛选规则 / 145
　　6.3.2　合作申请筛选规则 / 146
　　6.3.3　政策导向筛选规则 / 146
　　6.3.4　专利经济性筛选规则 / 147
　　6.3.5　技术成熟度筛选规则 / 148
　　6.3.6　市场认可度筛选规则 / 148
　6.4　小　结 / 149

第1章 专利分析的目的定位与具体运用

1.1 专利分析的目的是挖掘专利文献的价值

1.1.1 专利文献的三大价值

专利制度作为一项用市场利润来激励技术创新的法律制度，一旦运行，就将技术创新人员的积极性充分调动起来，并将各种技术创新成果汇集到专利局，从而形成了专利文献。因此，专利文献天然具有的价值就是技术价值。它是以最快速度公布各种创新技术的渠道，因为按照专利制度的要求，首次创新并具有一定创新高度的可工业化技术才能够获得市场垄断权。

其次，专利文献具有法律价值。专利权的排他性决定了专利文献是专利权权利范围的权威记载，它向世人公布专利权人根据专利法想要或已经批准获取的所申请技术特定时期和特定地域的垄断权。

最后，专利文献具有市场价值。获得专利权的专利文献是为专利权人在市场竞争中赢得竞争优势或潜在的竞争优势，因此专利文献体现出其市场价值。通过分析专利文献了解技术和权利以及拥有者，就可以了解市场竞争对手的竞争信息。

1.1.2 专利分析的目的

尽管专利文献具有技术价值、法律价值和市场价值，但是如果不对专利文献进行分析挖掘，许多价值并不是可直观获取的。因为单件专利所获得的信息极其有限，只有运用一定分析方法针对多年的专利文献进行分析，才可以获得更有价值的技术发展信息、市场竞争动态信息和法律产生、变更或灭失的权利变化信息，从而更好地服务于技术研发、市场竞争和法律保护预警。这就是专利分析的目的所在。

因此，在开展专利分析之前，一定要首先确立专利分析的目的，要通过专利分析从专利文献中获取哪些信息得出哪种结论，例如是技术发展脉络还是市场竞争态势。不同的目的，决定了采取不同的分析方法。只有采取了正确的分析方法才能得到所想要的真实结论。

一般而言，专利分析的目的可以分为宏观目标、中观目标和微观目标。具体到申请人角度，就是从国家到省份再到企业；具体到技术角度，就是从行业到技术领域再到关键技术。更准确地说，就是从产业的国家格局再到市场的企业态势，从产业链的布局到关键技术的进展状况，从技术发展演进历史到技术创新的未来趋势。

1.1.3 专利的分析方法

确定了专利分析的目的之后，就需要使用各种专利分析方法来达到这些目的。目前专利分析方法研究很多，但所有专利分析方法可以从点、线、面和立体四个层次展开。

点的分析法，主要是针对状态进行分析，具体包括专利申请的技术分布构成图、专利申请的审查结果构成图、专利申请人的类型构成图以及专利申请人申请量的排序图等。

线的分析法，就是加入了时间因素对趋势进行分析，具体包括专利申请量或授权量的变化趋势分析、技术生命周期分析、特定领域的技术申请变化趋势分析等。

面的分析法，就是三种变化因素的分析，具体包括技术问题－技术手段矩阵分析、技术领域－申请人聚类分析等。

立体分析法，就是四种变化因素的分析，具体包括技术发展路线分析、鱼骨技术分析、专利组合分析等。

以上这些专利分析的方法，就是要结合具体的技术领域为实现各种专利目的而服务的。但是一定要牢记，专利分析不是为了炫耀专利分析方法，而是为了挖掘出专利的三大价值，这才是专利分析的结论。

1.2 专利分析在专利工作不同环节的具体运用

1.2.1 专利工作的环节

专利工作环节主要包括技术成果的创造、申请、审查、运用、保护、管理六个环节。创造环节主要集中在科研；申请环节主要集中在申请文件撰写；审查环节主要集中在检索和审查方面；运用环节主要集中在专利技术产业化、专利价值评估、专利许可质押等；保护环节主要集中在防止别人无偿使用技术；管理环节主要集中在宏观的政策制定和微观的专利管理等。

1.2.2 专利分析在专利工作不同环节的具体运用

专利工作的六大环节涉及了技术、法律和市场。了解专利状况信息是做好专利工作的基础，因此通过开展专利文献的分析工作挖掘出专利的技术、法律和市场信息是做好每个环节专利工作的前提，只有这样才能具有科学依据，作出正确决策。

在专利创造环节，首先是科研立项，就需要了解特定技术的专利申请状况，从而不重复他人的研究，规避专利侵权风险，同时提高研发起点。技术问题－技术手段矩阵的专利分析将研发立项时的研发热点和研发空白点一目了然地展现出来。

在专利申请环节，首先需要了解现有的专利申请状况，其次设计专利的保护布局。通过专利网的布局覆盖更大技术范围，延长专利保护时间；通过专利地域布局，覆盖更大国内外市场。

在专利审查环节，审查员通过对所审查领域的专利文献进行分析，可以将技术发展脉络梳理清楚，从而从技术发展的视野理解所审查的专利，以便于准确把握发明构思，更有利于高效开展检索和选择对比文件进行"三性"评述。

在专利运用环节，通过专利分析，筛选出高价值专利，也就是找到技术价值高、法律价值高和市场价值大的专利技术，以便更好地转让、许可和质押，或者直接将专利技术产业化。

在专利管理环节，通过专利分析，了解国内专利技术发展状况，为制定出台符合国情的科技发展政策提供依据，了解国内外竞争格局，为制定本国产业发展政策提供依据。

总之，专利分析就是为了挖掘出专利文献的三大价值，从而运用到专利工作的各个环节。但是，在现实专利分析实践中，有可能还远远没有实现这一目标，仍需要大家不断的探索。

第2章 服务于技术创新的专利分析法

2.1 技术领域的创新趋势分析法

创新已经成为发展的第一动力,把握科技创新趋势是抢占经济和科技发展制高点的关键。把握科技创新趋势也是商业成功的先导,对于大多数国家而言,针对新市场的新技术产品会带来40%~90%的国家财富增值。当前,由于市场节奏加快,新技术层出不穷,产品生命周期缩短,对科技创新趋势的研判成为企业界所面临的一个首要问题。

大数据时代的巨量信息产出和大科学背景下的复杂知识需求,使得从庞杂的信息资源中理清技术发展的脉络,对科技的重点领域和创新趋势作出准确的判断变得异常困难。这一情势已经危及人类的知识生产、利用和再创造活动,学术界形象地称其为"情报危机"。但也是得益于大数据,人们可以从各种渠道获取有用的信息来揭示技术领域创新趋势。

技术领域的创新趋势专利分析,可以分为以下几个层级:①通过专利申请趋势来预判创新趋势;②结合产业信息预判创新趋势;③创新趋势的细化分析。下面将以案例的形式来解释以上几类专利分析方法。

2.1.1 通过专利申请趋势来预判创新趋势

通过对技术领域的整体申请趋势及该技术领域中各技术分支申请趋势的分析,可以得出该技术领域中哪些分支技术是目前的研究热点,从而对未来的技术创新趋势进行预判。

【案例2-1】碳纤维领域的专利申请趋势[1]

碳纤维生产工艺的全球申请量经历了三个发展阶段。第一个阶段是1970~1973年,年申请量超过了100项。第二个阶段是1982~1992年,年申请量增加到了200项以上。第三个阶段是2001年至今,年申请量也达到了200项以上,并处于稳步增长阶段,到2010年申请量更是达到了535项。碳纤维应用的全球申请量从1983~1985年经历了3年快速增长期,除了1986~1987年有所回落外,直至20世纪90年代末都呈现较为平稳的状态。自2000年开始迅猛增长,年申请量增加到了1457项,到2010年达到了3738项。

---

[1] 杨铁军. 产业专利分析报告(第14册):高性能纤维 [M]. 北京:知识产权出版社,2013.

图2-1数据表明碳纤维应用的全球专利申请量要远远高于生产工艺的申请量。而且从1972年开始，碳纤维应用的全球申请量的增长速度远远高于生产工艺的增长速度。这说明碳纤维的应用领域正在急剧扩大，企业正越来越重视对碳纤维下游产品的开发和保护。

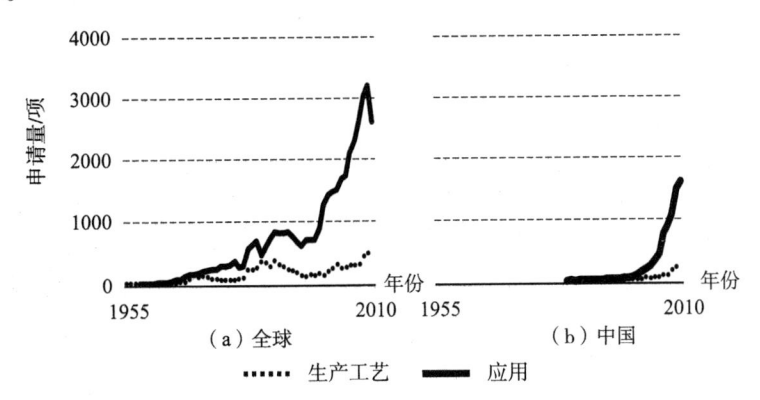

图2-1 碳纤维全球/中国生产工艺及应用专利申请量态势

碳纤维的中国专利申请量从1985~1999年都处于较低水平。从2000年开始，年申请量增加到了百件以上，之后进入了迅猛增长的时期。到2010年已经达到1908件，十年间增加了16倍。与全球专利申请趋势相同，碳纤维应用方面的中国专利申请量远远高于生产工艺方面的申请量。上述趋势说明，在中国碳纤维的应用领域在急剧扩大，碳纤维应用的扩大导致碳纤维需求量的上升。市场需求导致了企业以及研究院所对碳纤维的重视程度越来越高，从而促进了碳纤维技术的发展以及专利申请量的提高。

2.1.2 结合产业信息的创新趋势判断

通常在分析某一技术领域的专利申请趋势时，会发现有波动的情况。如果仅仅将波动展现出来，而不分析产生专利申请量波动的原因，对于这个行业或者技术领域来说是远远不够的。因此，当检索出来专利申请量随年代的变化趋势时，应当结合产业信息分析其申请量变化的原因，从而对创新趋势进行预判。

【案例2-2】PAN基碳纤维领域的专利申请趋势[1]

在该案例中，结合产业和技术的信息来分析PAN基碳纤维领域专利申请量在近60年时间里几起几落的原因。在找出原因的同时，帮助分析人员预判出未来PAN基碳纤维领域专利增长点在于PAN基碳纤维复合材料及其应用。

图2-2表示全球PAN基碳纤维申请量趋势、各分支申请情况。可以发现，PAN基碳纤维的发展大致经历以下三个阶段。

---

[1] 杨铁军. 产业专利分析报告（第14册）：高性能纤维 [M]. 北京：知识产权出版社，2013.

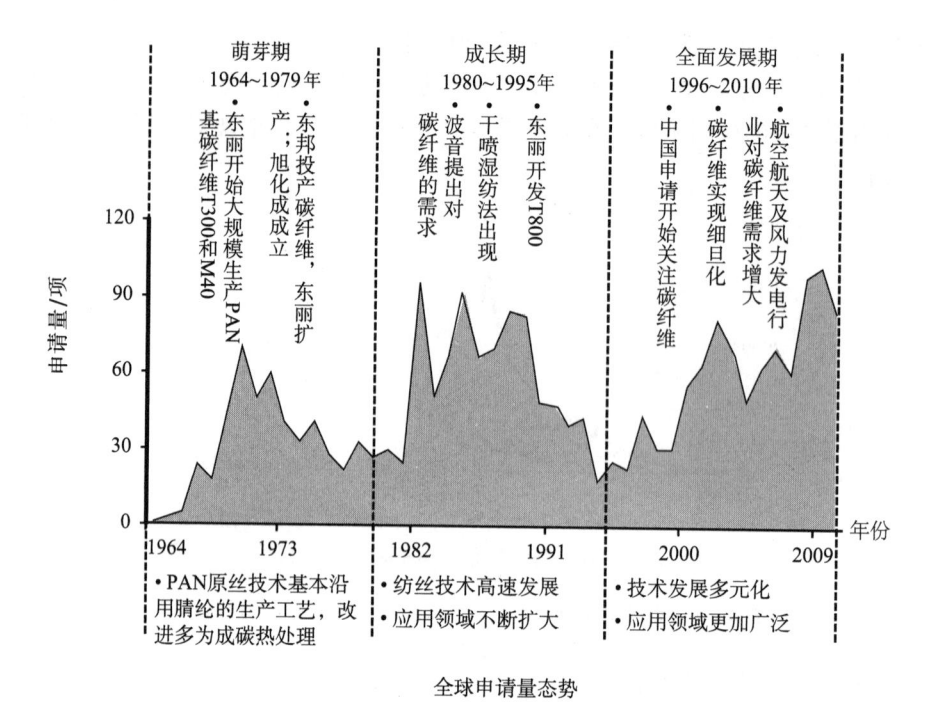

图 2-2　PAN 基碳纤维领域全球专利申请趋势

（1）萌芽期（1964~1979 年）

从历年专利申请情况看，1979 年前，专利申请主要集中在成碳热处理方面，约占总申请量的 65%。在此时期，PAN 原丝技术基本沿用腈纶的生产工艺，改进多为成碳热处理。在 20 世纪 70 年代，日本东丽株式会社（以下简称"东丽"）开始大规模生产 PAN 基碳纤维 T300 和 M40，代表性专利有 JP46035853B、JP3180514A 等。从市场角度考虑，碳纤维生产企业开始逐步进行专利的布局，相关专利出现井喷式增长，年增长率达到 54%。1973~1979 年，日本东邦开始投产，东丽也进行了扩产，另一家大规模碳纤维生产企业旭日化工成立，进一步刺激了碳纤维的产业化发展。但由于相关技术没有进一步突破，1975 年后，申请量逐渐减少，1976 年、1977 年、1979 年的申请量仅为 28、22、27 项。可以说，1964~1979 年属于碳纤维的萌芽期。

（2）成长期（1980~1995 年）

1980 年，波音提出了对高强碳纤维的需求，刺激了碳纤维的发展。直到 1983 年前后，碳纤维的纺丝技术出现重要突破，从以前的仅能湿法纺丝改进到能够采用干喷湿纺的纺丝方式。干喷湿纺的出现大大提高了碳纤维的性能以及质量的稳定性。随之而来的是专利申请量的再次大幅增长，尤其是涉及纺丝的相关申请，由 1964~1979 年的 80 项，突飞猛进到 1980~1995 年的 220 项，代表性专利有 JP2555826B2。东丽在 1984 年开发了 PAN 基碳纤维 T800。此段时间可以说是 PAN 基碳纤维纺丝技术的高速发展时期，碳纤维的应用领域不断扩大，由初期的航空航天领域扩展到更为广阔的领域，市场化程度逐渐提高。20 世纪 90 年代后，随着东西方冷战的结束，碳纤维在军事上的需求减少，美国、英国很多企业退出碳纤维生产领域，导致在 1990 年后的申请量大幅降低。

（3）全面发展期（1996～2010 年）

虽然 1998 年出现的金融危机导致全球经济衰退，对碳纤维的研发投入减弱，对碳纤维的发展产生了阻碍，但到 2000 年后，随着中国申请人开始关注碳纤维，申请量逐渐增大。加之碳纤维实现了细旦化（减少丝的直径），丝径的降低利于碳纤维均质化的预氧化和碳化工艺，为高质量的碳纤维生产提供了保障。2003 年以后，随着全球航空航天以及风力发电行业的快速发展，对碳纤维的需求量随之增大。企业、研究院所对碳纤维的投入增大，生产和科研规模得以扩张。技术的不断进步和成熟带来了申请量的又一次快速增长，聚合、纺丝、成碳热处理三大分支平分秋色，技术发展更加多元化。

从申请量来看，PAN 基碳纤维的聚合专利申请量始终处于快速增长趋势，从 1964～1979 年的 53 项，增长到 1996～2010 年的 238 项。这主要源于聚合始终有新的技术突破和改进。例如，1983 年前后开发了在共聚单体中加入甲基丙烯酸异丁酯以防止预氧化过程产生皮芯结构等技术；20 世纪 90 年代初实现了在共聚组分中加入促进氧渗透的甲基丙烯酸异丁酯或再加上 N-乙烯基吡咯烷酮，后来又逐步发展到纺丝原液中含有少量纤维素、PVA/PVC 等❶。

2.1.3 创新趋势的细化分析

除了用专利申请量来表征某一技术领域的创新趋势之外，还可以用授权量、有效量、多国申请量、技术优势指标等趋势的变化来分析技术领域的创新趋势。

【案例 2-3】欧洲减缓气候变化技术创新趋势分析❷

EPO 在分析减缓气候变化领域的创新趋势时，采用了多个指标分析比较了各国在该领域的专利技术变化趋势。

（1）多国申请量的变化趋势

EPO 定义了一个叫作"高价值发明"（High-value inventions）的指标，该指标的含义是向两个以上专利局提交了申请的专利族。

当仅用专利申请量这一指标比较各国在减缓气候变化领域的创新趋势时（如图 2-3 所示），日本在这一领域申请量优势明显，且日本、中国和韩国自 1995 年起持续增长。美国呈现落后趋势。特别是中国和韩国自 2005 年起申请量显著提升。

但是，如果仅仅看高价值发明的申请量（如图 2-4 所示），欧洲是全球第一，远远高于中国。在中国，大部分的发明创造都仅仅只向中国国家知识产权局专利局提交申请。中国和韩国的高价值专利申请量也在持续提升，但是该数量远远小于其向本国提交的申请。

---

❶ 罗益锋. 国外 PAN 原丝及碳纤维专利分析报告（1）[J]. 高性能纤维与应用, 2006（6）: 1-4.

❷ United Nations Environment Program (UNEP), European Patent Office (EPO). Climate change mitigation technologies in Europe evidence from patent and economic data [EB/OL]. [2018-07-05]. www.epo.org/climate-europe.

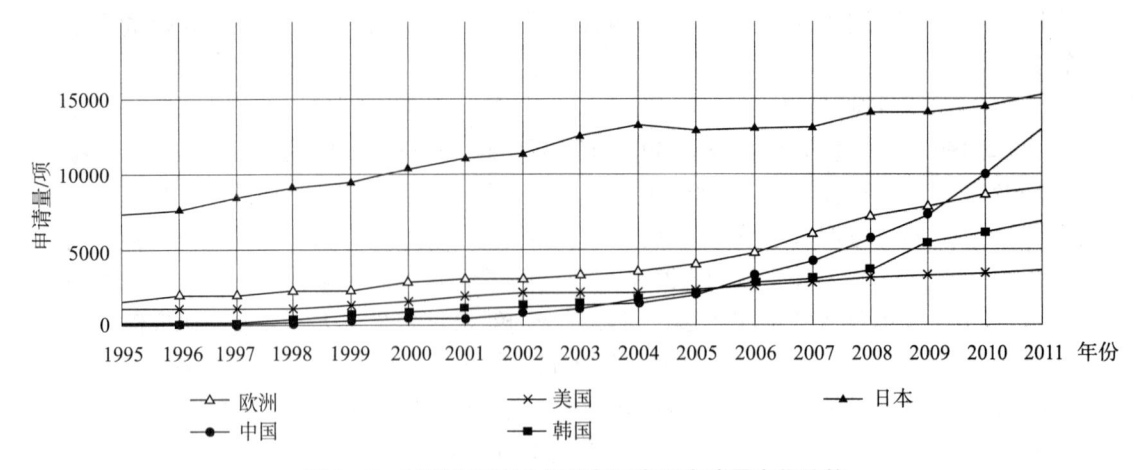

图 2-3　减缓气候变化领域各国专利申请量变化趋势

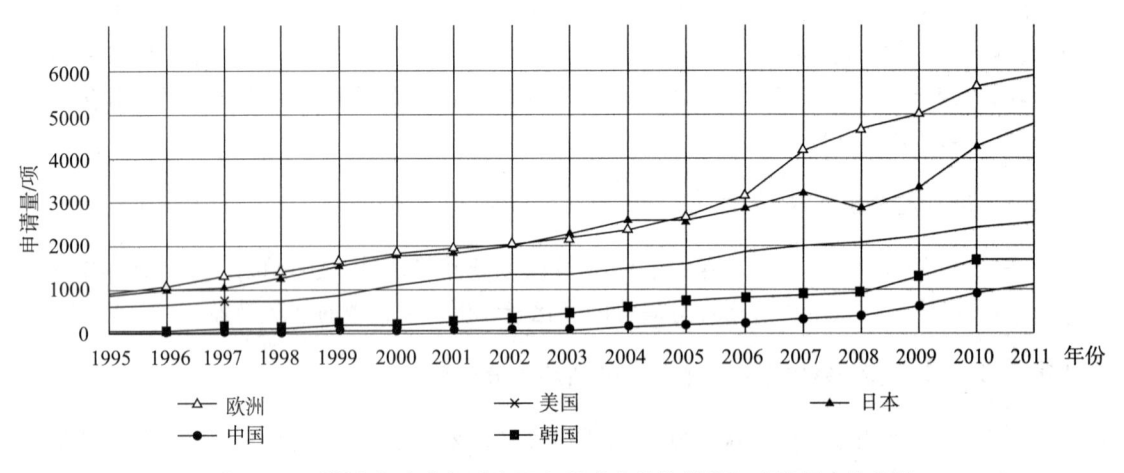

图 2-4　减缓气候变化领域各国专利"高价值创造"申请量变化趋势

（2）相对技术优势

相对技术优势（Relative Technological Advantage，RTA）用于判断各国某一技术间的比较优势。RTA 值高于 1，说明该领域具有相对优势；RTA 值低于 1，说明该领域相对疲弱。

RTA =（某一创新主体在某一技术领域的专利数量/该创新主体所有技术领域专利数量的总和）/（该技术领域的专利数量的总和/所有创新主体在所有技术领域专利数量的总和）

在本报告中欧洲的 RTA =（欧洲在 CCMTs[①] 领域的专利申请数量/欧洲专利申请总量）/（全球 CCMTs 领域的专利申请数量/全球专利申请总量）

从 RTA 的变化情况来看，欧洲相比全球其他创新主体表现优异。其在 CCMTs 领域

[①] CCMTs 为减缓气候变化技术（Climate Change Mitigation Technologies）的简称。

的相对技术优势在 2005~2011 年持续增长，于 2007 年超过日本。相比较而言，美国和中国的数据并未表现出其在 CCMTs 领域有特别之处，其 RTA 指数一直保持低于 1，即低于平均水平。韩国增长迅速，目前与日本不相上下（参见图 2-5）。

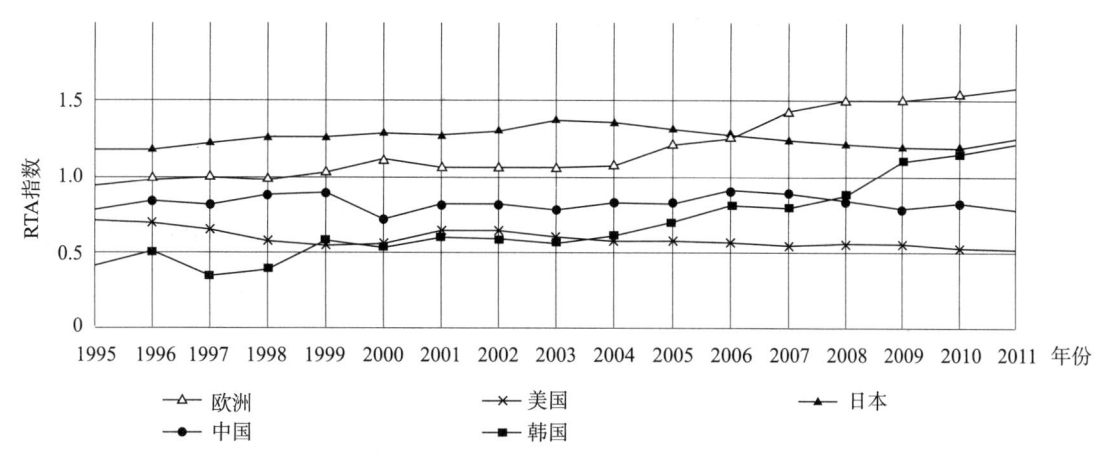

图 2-5 减缓气候变化领域各国专利相对技术优势变化趋势

如果分析各国"高价值创造"的 RTA 指数的变化趋势，上述差异更加明显（参见图 2-6）。

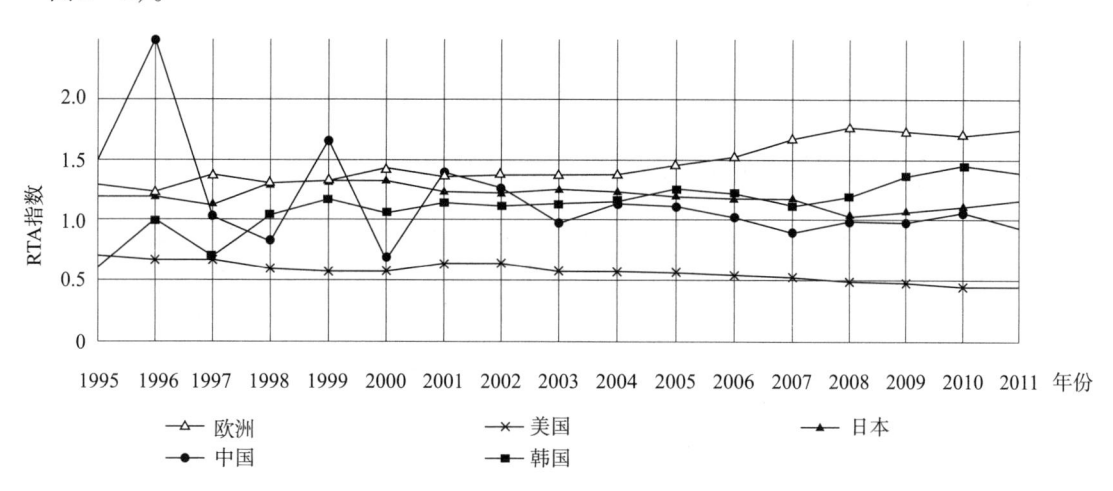

图 2-6 减缓气候变化领域各国"高价值创造"相对技术优势变化趋势

2.2 技术领域的研发热点分析法

在技术发展过程中，各个技术的发展并不是齐头并进式的，也不是接续式的，而是呈现参差不齐、杂乱式的形态。有些技术由于符合市场需求，为众人所追捧，成为技术研发的热点；有些技术则由于不被市场所需要，遭到冷落，甚至淘汰。每一家企业都想了解其所从事的技术研发热点在哪里，从而能够挤进研发大军，杀出一片天地。

目前，在专利文献界有以下几种方法来寻找所从事技术领域的研发热点。

第一种方法是通过国家自然科学基金每年立项的项目来查找。登录国家自然科学基金委员会的查询网站，输入"项目主题词"，然后按年份来查询，一般查询近3年的项目就能知道研究方向的热点问题和国内主要的研究单位。

第二种方法是通过国家科学技术部863技术的网站进行查询。该网站会不定期地公布一些重大专项和申请指南等信息。这些信息虽然都是业内大咖要作的研究，但是同样是研发热点。

第三种方法是查看国家科学技术部973技术的网站。该网站会公布每年的立项项目，并且会在每年的8~9月将新立项的课题的简版任务书公示。这些研究内容应该说都是一些主要的研究方向和热点问题。

第四种方法是关注所在领域的国际顶级学术会议，并尽早拿到论文集，可以看到所研究领域的国际研究现状和热点。

第五种方法是关注所在领域的国内外顶级期刊，这些期刊每年都会办特刊（Special Issue），这些Special Issue 的主题就是目前研究的一些热点问题。

在大数据时代，利用专利信息来寻找技术领域的研发热点是非常常用的方式，那么如何利用专利分析来找出研发热点呢？下面将给大家介绍几种方法。

2.2.1　技术发展分析法

通过比较某一技术领域中各技术分支的数量及申请趋势的变化，可以发现哪些技术分支是从前的研究热点，哪些技术分支是未来的研究热点。

【案例2-4】PAN基碳纤维制造各技术分支的专利申请趋势[1]

如图2-7所示，PAN基碳纤维的制造工艺可以根据工艺流程大致分为聚合、纺丝、成碳热处理、上浆和表面处理五个技术分支。从申请量来看，成碳热处理的申请量是最多的，占到了PAN基碳纤维制造工艺相关专利申请的六成以上。如果再分析各个技术分支的申请量变化趋势就能发现，虽然成碳热处理的申请量较大，但是大部分都是早期申请，而聚合和纺丝才是目前研究较热的领域。

2.2.2　技术功效分析法

通过技术功效分析，对每一件专利进行标引并引入采用某种技术手段达到某种技术效果的分类中，可以明确分析出研究的热点技术和存在研发机会的技术。

---

[1] 杨铁军. 产业专利分析报告（第14册）：高性能纤维［M］. 北京：知识产权出版社，2013.

（a）全球申请量构成

上浆 48项
表面处理 118项
聚合 456项
纺丝 575项
成碳热处理 808项

（b）聚合、纺丝、成碳热处理申请量态势

聚合
纺丝
成碳热处理

1964~1965　　　　　　　　　　　　　　　2008~2009　年份

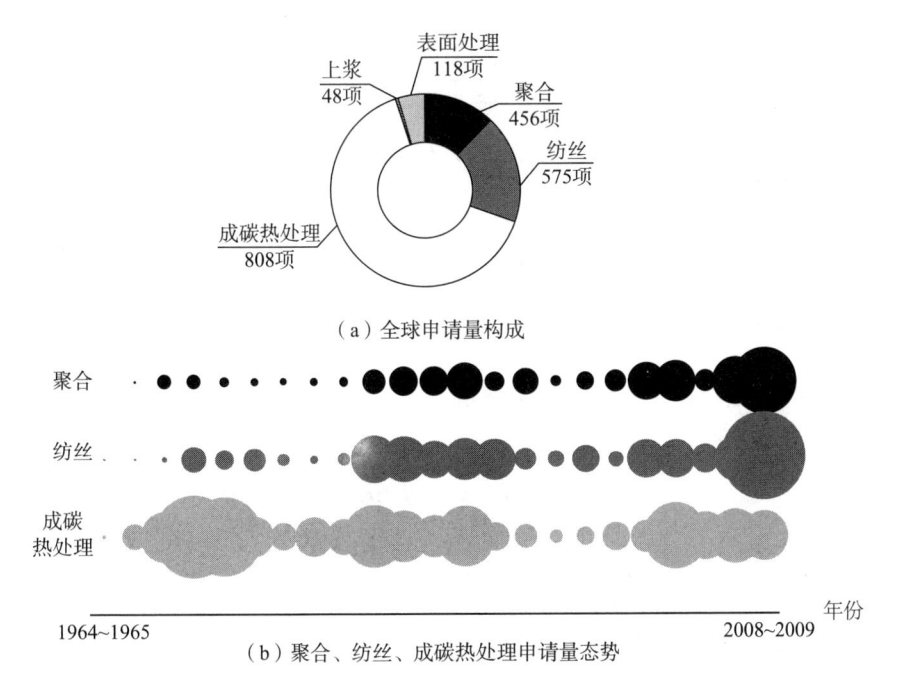

图2-7　PAN基碳纤维制造领域专利申请趋势、技术构成及各技术分支申请趋势

注：上图中，圆圈大小表示某段时期段内申请量，时期划分为1964~1965年，1966~1967年，以此类推。

【案例2-5】高性能子午线轮胎胎面基体橡胶的技术功效分析[1]

根据胎面基体橡胶的研究方向，将其具体分为以下五个技术分支：天然橡胶复合体系、天然橡胶的改性、其他橡胶体系、其他橡胶的改性以及其他。其中天然橡胶复合体系是指天然橡胶与其他橡胶复合在一起作为基体橡胶；天然橡胶的改性是指对天然橡胶的进行改性，如环氧化等；其他橡胶体系是指不含天然橡胶的其他橡胶体系，包括单独和复合使用其他橡胶；其他橡胶的改性是指对除天然橡胶之外的其他橡胶的改性，如在橡胶分子链上接枝改性剂等。

胎面基体橡胶的技术效果可以分为操纵稳定性、低生热、耐磨性、抗湿滑性、滚动阻力五个方面。

将胎面基体橡胶领域的专利进行技术功效标引后可以得到图2-8。可以看出，各个技术分支在功效方面关注的重点都是对滚动阻力、耐磨性能和抗湿滑性的平衡，即所谓的"魔鬼三角"。在通常情况下，这三种性能相互矛盾，此消彼长，而目前的研究热点是在不影响其中之一或之二的基础上提高另外二者或一者的性能，或者同时提高三者的性能。而在胎面基体橡胶领域一般是通过对橡胶的改性或不同橡胶体系的复合来解决上述问题。

---

[1] 杨铁军. 产业专利分析报告（第42册）：高性能子午线轮胎 [M]. 北京：知识产权出版社，2016.

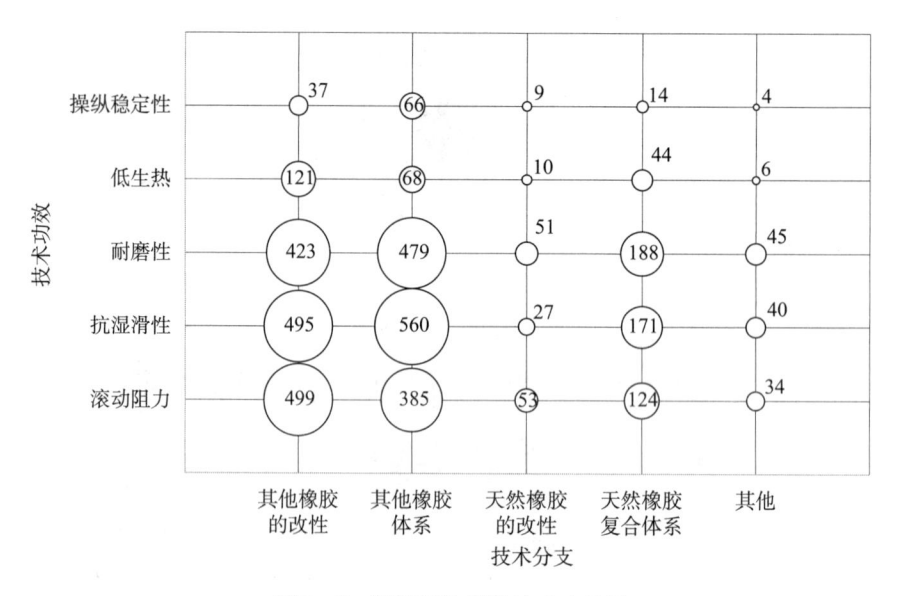

图 2-8　胎面基体橡胶技术功效图

注：图中数字表示申请量，单位为项。

2.2.3　行业巨头追踪法

行业巨头的专利申请往往代表着一个行业最先进的技术。通过分析行业巨头的专利申请，可以跟踪行业巨头的技术研发方向，为研发项目的选择提供数据支持。

【案例 2-6】普利司通在高性能子午线轮胎领域的研发热点分析❶

（1）普利司通全球专利技术构成

普利司通在高性能子午线轮胎领域的全球专利申请技术构成主要包括全球专利申请量以及各个主要技术分支的全球专利申请量。图 2-5 是普利司通在高性能子午线轮胎领域的全球专利申请技术构成图。可以看出，普利司通在该领域的全球专利申请主要集中在胎面胶技术分支，其约占全部申请量的 59%，而在胎面胶的二级技术分支中，以基体橡胶和填充体系为技术改进点的专利申请量分别约占胎面胶申请量的 36.4% 和 22.2%。由此可见，普利司通在高性能子午线轮胎领域专利技术主要集中在胎面胶方面，这也与高性能子午线轮胎领域的专利申请状况相符。

图 2-10 是普利司通在胎面胶分支的全球专利申请趋势及胎面胶全球专利申请趋势图。从图中看出，普利司通在胎面胶方面的专利申请最早出现在 1971 年，随后申请量逐年增长，增长趋势基本上与高性能子午线轮胎领域的全球专利申请变化趋势相同，在 2009 年达到顶峰。

---

❶ 杨铁军. 产业专利分析报告（第 42 册）：高性能子午线轮胎 [M]. 北京：知识产权出版社，2016.

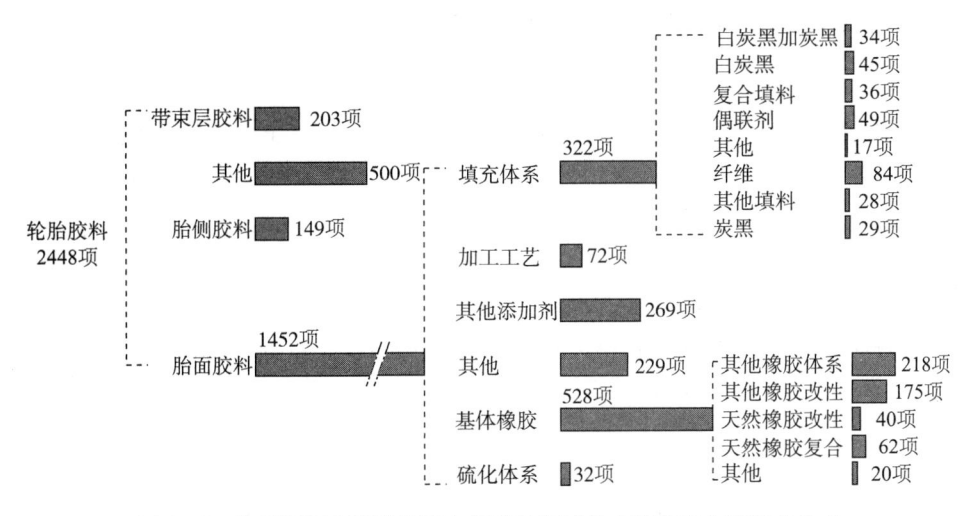

图2-9　普利司通在高性能子午线轮胎领域的全球专利申请技术构成

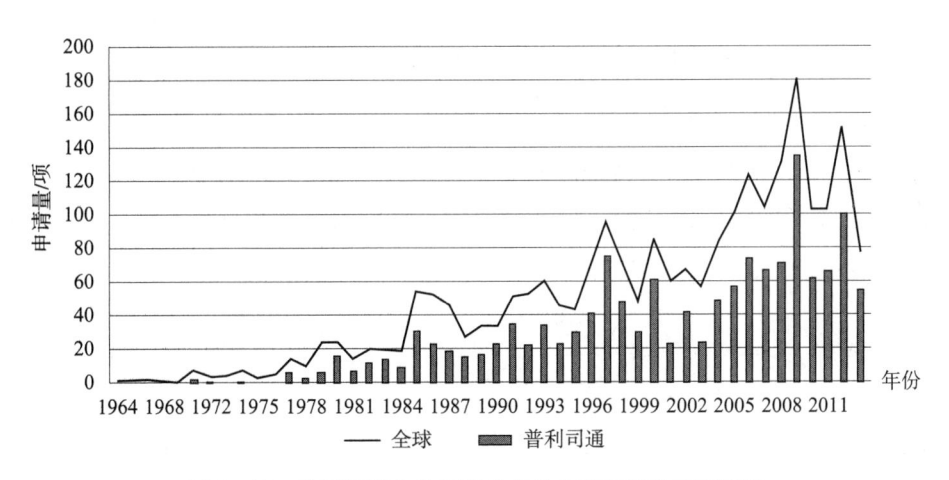

图2-10　普利司通在胎面胶分支的全球专利申请趋势图

(2) 普利司通的技术功效和重要专利

对于高性能子午线轮胎，通常关注轮胎的耐磨性、滚动阻力、抗湿滑性、低生热性和操纵稳定性，这些性能主要与轮胎的胎面胶有关。本课题对普利司通在高性能子午线轮胎领域的所有专利申请进行了分析，主要研究了上述五种性能与胎面胶各主要技术分支之间的功效关系。

图2-11是普利司通在胎面胶分支专利申请的功效图。可以看出，普利司通在胎面胶分支中的专利申请主要集中在如何改进轮胎的耐磨性、滚动阻力和抗湿滑性，而相应的主要技术改进点为基体橡胶、填充体系以及其他添加剂。在改进耐磨性方面，普利司通的专利技术主要是从基体橡胶、填充体系和其他添加剂方面进行研究，其中更注重通过基体橡胶的改进来提高耐磨性。在降低滚动阻力和抗湿滑性方面，普利司通的专利技术同样集中在以上三个主要技术点。不同之处在于：在降低滚动阻力方面，其相当大部分专利是通过改进基体橡胶和填充体系来实现的；而在提高抗湿滑性方面，

其更多地注重通过调整基体橡胶和其他添加剂来实现。

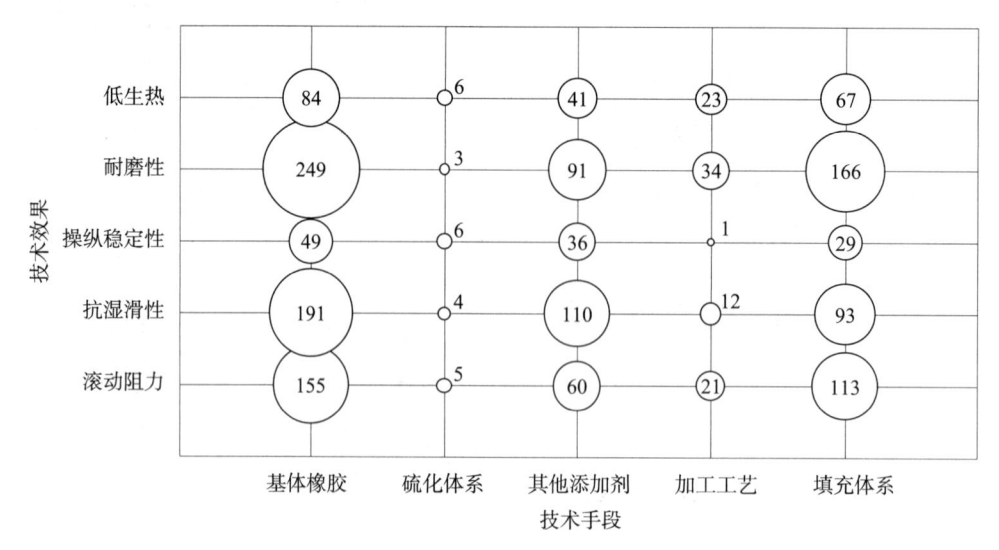

图 2-11　普利司通在胎面胶分支专利申请的功效图

注：图中数字表示申请量，单位为项。

为了进一步细分普利司通在胎面胶分支的专利技术功效，本课题对专利申请量占较大比重的基体橡胶和填充体系方面的专利申请加以进一步的分析。图 2-12 是普利

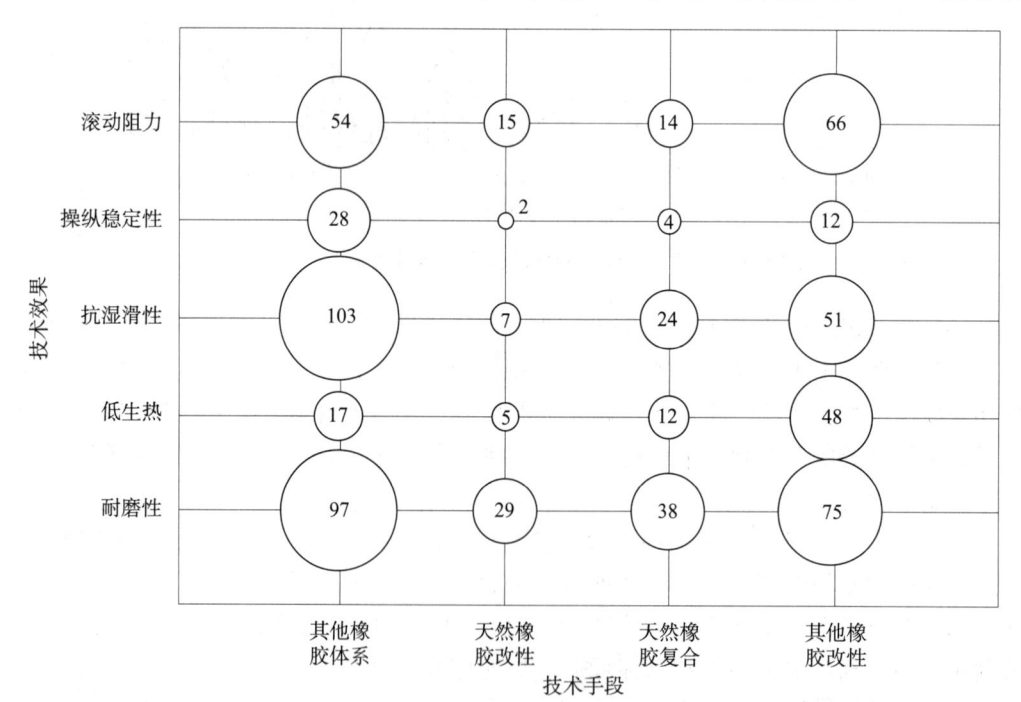

图 2-12　普利司通在基体橡胶分支专利申请的功效图

注：图中数字表示申请量，单位为项。

司通在基体橡胶分支专利申请的功效图。可以看出,普利司通在基体橡胶分支的专利申请主要集中在天然橡胶以外的其他橡胶体系的选用、天然橡胶以外的其他橡胶改性两方面,分别约占整个分支申请量的41.3%和32.4%。在提高耐磨性和抗湿滑性方面,普利司通的专利技术均主要集中在天然橡胶以外的其他橡胶体系的选用、天然橡胶以外的其他橡胶改性,其中在提高抗湿滑性方面,更集中在天然橡胶以外的其他橡胶体系的选用(约占55.7%);在降低滚动阻力方面,普利司通的专利技术同样主要是通过对天然橡胶以外的其他橡胶进行改性以及选用天然橡胶以外的其他橡胶体系来实现的,但天然橡胶复合体系以及天然橡胶改性技术也占有一定比重。

图2-13是普利司通在填充体系分支专利申请的功效图。可以看出,在普利司通的相关专利技术中,在改善耐磨性、滚动阻力、抗湿滑性、低生热和操纵稳定性方面,主要上从炭黑、白炭黑、白炭黑与炭黑复合、偶联剂等技术点着手对现有技术进行改进,从而获得相应的更优异技术效果。在提高耐磨性方面,普利司通主要集中在研究炭黑为填料的体系,这说明炭黑对轮胎的耐磨性影响非常大,符合高性能子午线轮胎的技术现状;在降低滚动阻力方面,其专利技术主要是以炭黑、偶联剂以及白炭黑为技术改进点;在提高抗湿滑性上,普利司通是从填充体系的各个方面为技术改进点进行专利布局,各技术分支的专利申请量比较均衡,这说明影响抗湿滑性的因素是多方面的,基本上现有填料均能提高抗湿滑性。

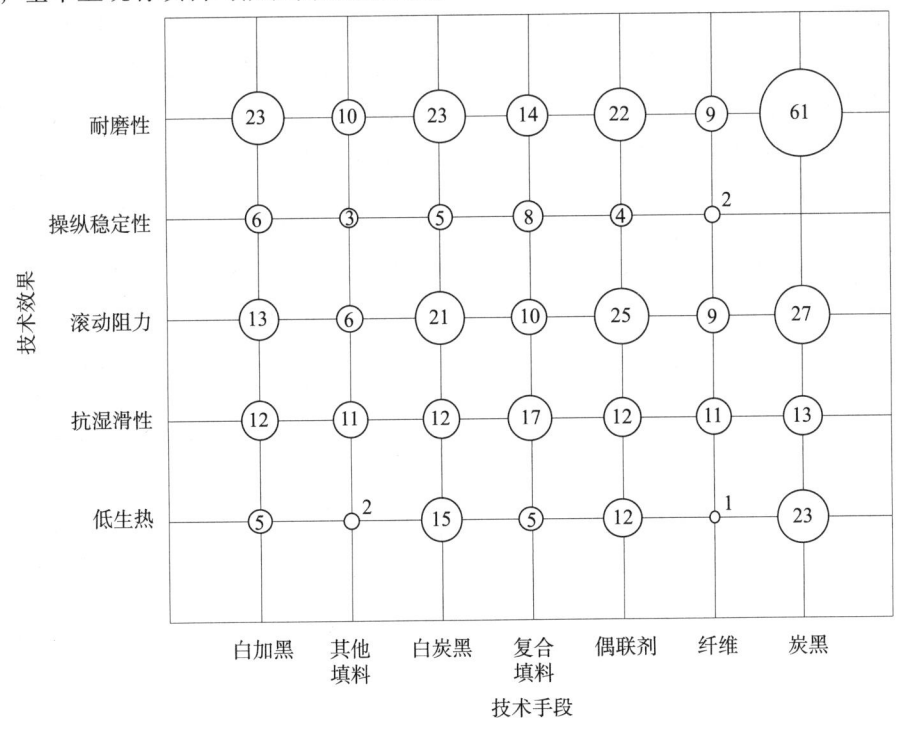

图2-13 普利司通在填充体系分支专利申请的功效图

注:图中数字表示申请量,单位为项。

"降低滚动阻力""提高耐磨性"和"提高抗湿滑性"是轮胎性能的"魔鬼三角"。这三者相互制约,如何平衡这三者一直是本领域的研究重点和难点。通过对普利司通高性能子午线轮胎领域的专利申请进行技术标引和筛选,本课题组发现,普利司通涉及均衡改善"魔鬼三角"的专利申请共计75项。其中,最早的专利申请出现在1980年,随后几乎每年均有几项相关专利申请;从技术改进点来看,主要涉及基体橡胶和填充体系的改进,分别有33项和19项,各技术分支的分布具体参见图2-14。

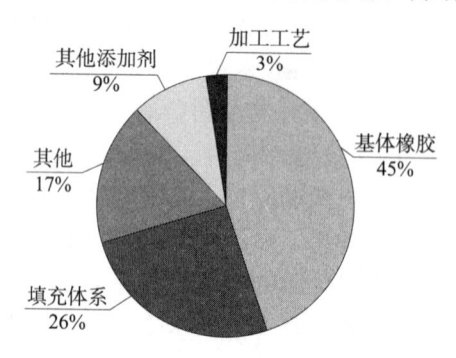

图2-14 普利司通涉及均衡改善"魔鬼三角"的专利申请分布图

以专利布局以及技术重要性为标准,该课题分析出普利司通涉及均衡改善"魔鬼三角"的专利技术发展路线,具体参见图2-15。可以看出,普利司通涉及"魔鬼三角"的重点专利主要有9项,其中5项是通过改善基体橡胶来均衡地改善这三项性能,4项涉及填充体系的改善,1项是通过使用其他添加剂来均衡改善"魔鬼三角"性能,其中1项(EP2499005A2)同时涉及基体橡胶和填充体系的改进。

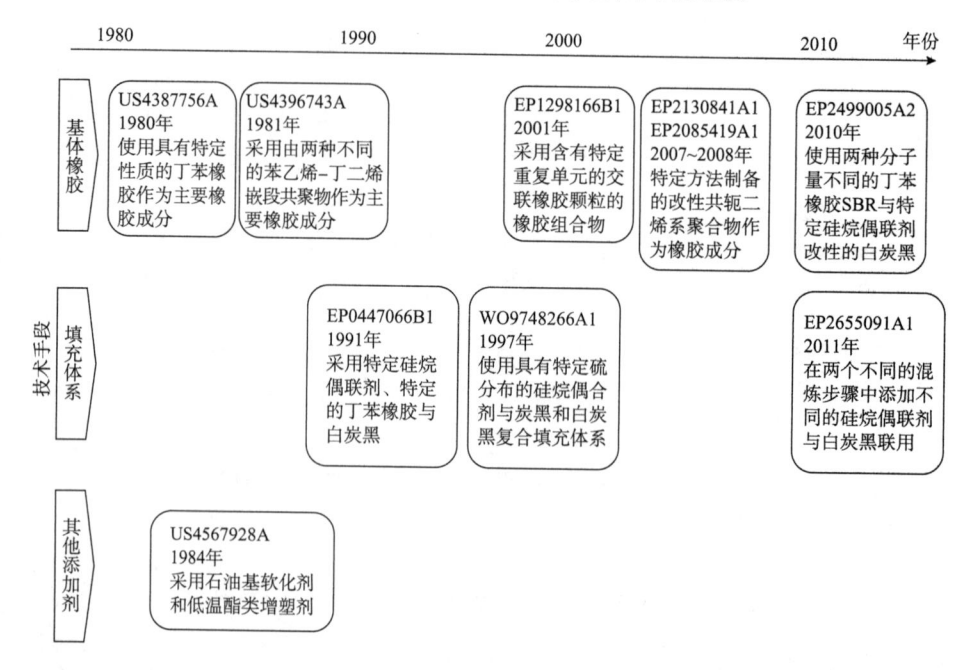

图2-15 普利司通涉及均衡改善"魔鬼三角"的技术发展路线图

在从基体橡胶方面改进"魔鬼三角"的专利技术中,最早的是1980年申请的US4387756A。该专利申请存在日本和加拿大同族专利,其主要是使用具有特定性质的丁苯橡胶作为主要橡胶成分来显著改进所制得的充气轮胎的抗湿滑性、滚动阻力、耐磨性和抗破裂性;随后,在1981年的专利申请US4396743A中,采用由两种不同丁二烯和苯乙烯无规嵌段构成的苯乙烯-丁二烯嵌段共聚物作为橡胶成分,所制得的充气轮胎获得显著改进的低滚动阻力、优异的耐磨性和抗湿滑性;在2001年提出的与JSR公司的合作申请EP1298166B1中,采用含有特定重复单元的交联橡胶颗粒的橡胶组合物作为胎面胶橡胶成分,使制得的轮胎具有低滚动阻力、优异的抗湿滑性以及令人满意的耐磨性和拉伸强度;2007~2008年普利司通相继申请了EP2130841A1和EP2085419A1,这两项专利均是通过采用特定方法制备的改性共轭二烯系聚合物作为胎面胶橡胶成分,来降低轮胎的滚动阻力,改良抗湿滑性和耐磨性;在2010年申请的EP2499005A2中,通过使用两种分子量不同的丁苯橡胶SBR与特定硅烷偶联剂改性的白炭黑组合,制得湿路面抓地力、滚动阻力和耐磨耗性同时改善的胎面用橡胶组合物。

在通过改进填充体系来均衡改善"魔鬼三角"的专利技术中,普利司通最先在1991年申请的EP0447066B1中公开了将使用特定的硅烷偶联剂与白炭黑的填充体系应用于特定丁苯橡胶中,以获得具有良好的抗湿滑性、滚动阻力和耐磨性的胎面用橡胶组合物;随后,在1997年申请的WO9748266A1中,通过使用具有特定硫分布的硅烷偶联剂,使得在150℃以上高温捏合橡胶时,可以抑制硅烷偶联剂引起的聚合物胶凝作用,在不降低操作性的条件下能够有效地使炭黑以及白炭黑与经溶液聚合的锡改性或硅烷改性的聚合物进行反应,从而获得抗湿滑性、低滚动阻力和耐磨性均优良的充气轮胎用橡胶组合物;在2011年申请的EP2655091A中,通过在两个不同的混炼步骤中添加不同的硅烷偶联剂与白炭黑联用来制造胎面用橡胶组合物,所述组合物制得的轮胎的路面抓着力、耐低气温性能、滚动阻力、耐磨耗性、黏度以及碳氢化合物的排放均得到改善。

此外,普利司通在1984年提交了一项均衡改善轮胎"魔鬼三角"的专利申请US4567928A,其中采用石油基软化剂和低温酯类增塑剂作为添加剂来改进充气轮胎在冰雪路面上的抓地力,同时保持湿路上的抓地力、滚动阻力以及耐磨性。

(3)小结

根据以上对普利司通的专利布局、技术构成及技术功效分布的分析可以看出,其发展战略呈现以下特点:

1)在高性能子午线轮胎领域中普利司通全球专利技术主要集中在胎面胶方面,约占59%;胎面胶相关专利主要分布在基体橡胶和填充体系两个技术分支,分别约占胎面胶申请量的36.4%和22.2%。其在该领域的中国专利申请绝大部分是胎面胶相关专利,约占82.2%,其中主要以基体橡胶和填充体系为主要改进点,分别约占胎面胶分支的40.2%和21.7%。

2)普利司通胎面胶分支专利申请主要关注如何改进轮胎的滚动阻力、耐磨性和抗湿滑性,相应的主要技术改进点为基体橡胶、填充体系以及其他添加剂。普利司通在基体橡胶分支的专利申请主要集中在天然橡胶以外的其他橡胶体系的选用和天然橡胶以外的其他橡胶改性，分别约占整个分支申请量的 41.3% 和 32.4%。其在填充体系分支的专利申请主要关注改善耐磨性、滚动阻力、抗湿滑性、低生热和操纵稳定性。这些专利申请主要上从炭黑、白炭黑、白炭黑与炭黑复合、偶联剂等技术点着手。

2.3　技术领域的发展脉络分析法

技术领域的发展脉络通常用技术路线图进行分析。技术路线图最早出现在美国汽车行业，汽车企业为降低成本要求供应商为它们提供产品的技术路线图。在 20 世纪 70 年代后期和 80 年代早期，摩托罗拉和康宁公司先后采用了绘制技术路线图的管理方法对产品开发进行规划，摩托罗拉主要用于技术进化和技术定位，康宁公司主要用于公司和商业单位战略。继摩托罗拉和康宁公司之后，许多国际大公司，如微软、三星、朗讯公司，洛克-马丁公司和飞利浦公司等都广泛应用了这项管理技术。2000 年英国对制造业企业的一项调查显示，大约有 10% 的公司使用了技术路线图方法，而且其中 80% 以上用了不止一次。不仅如此，许多政府机关、产业团体和科研单位也开始利用这种方法对其所属部门的技术进行规划和管理。

对专利信息进行技术发展路线的分析，能够为技术开发战略研讨和政策优先顺序研讨提供知识、信息基础和对话框架，提供决策依据，提高决策效率。下面将介绍几种常见发展脉络分析法。

2.3.1　产品代际发展脉络分析

通过对每一代产品相对应的专利技术进行分析，可以看出每一代产品背后的技术重点的不同，从而发现最新产品应该从哪个技术着力。

【案例 2-7】东丽碳纤维产品的专利分析❶

日本东丽株式会社是世界上最大的碳纤维制造商，目前其碳纤维产能为 1.79 万吨/年。东丽的碳纤维产品种类齐全，涵盖普通型、高强型、高强中模型、高强高模型。其中最新高模型产品 M70J 的最大拉伸模量已经达到 690GPa，高强型产品 T1000 的拉伸强度已经能够达到 7020MPa。东丽的碳纤维生产技术代表当今碳纤维领域的最高水平。本小节通过对东丽碳纤维产品对应的授权专利进行分析，试图揭示东丽碳纤维生产技术的研发历程，以及在各个时期的技术热点和保护重点。

本小节分析样本为东丽的 32 项全球授权专利。

从 20 世纪 60 年代中后期至今经过 50 多年的发展，东丽的碳纤维已经形成了完备的产品序列，其产品牌号主要包括 T 系列、M 系列和 MJ 系列。各系列所涵盖的产品类型以及纤维性能参数如表 2-1 所示。

---

❶ 杨铁军. 产业专利分析报告（第 14 册）：高性能纤维［M］. 北京：知识产权出版社，2013.

表 2-1 东丽主要碳纤维产品牌号及其性能参数

牌号	每束纤维根数/k	抗拉强度/MPa	抗拉模量/GPa	伸长率/%	线密度/(g/1000m)	密度/(g/cm³)	单丝直径/μm
T300	1;3;6;12	3530	230	1.5	66;198;369;800	1.76	7
T300J	3;6;12	4210	230	1.8	198;369;800	1.78	7
T400H	3;6	4410	250	1.8	198;396	1.80	7
T600S	24	4140	230	1.8	1700	1.79	7
T700S	12;24	4900	230	2.1	800;1650	1.8	7
T700G	12;24	4900	240	2.0	800;1650	1.8	7
T800H	6;12	5490	294	1.9	223;445	1.81	5
T800S	24	5880	294	2.0	1030	1.80	5
T1000	12	7020	294	2.4	—	—	5
T1000G	12	5880	294	2.2	485	1.80	5
M30S	18	5490	294	1.9	760	1.73	5
M30G	18	5100	294	1.7	760	1.73	5
M40	1;3;6;12	2740	392	1.2	61;182;364;728	1.81	7
M35J	6;12	4700	343	1.4	225;450	1.75	5
M40J	3;6;12	4410	377	1.2	113;225;450	1.77	5
M46J	6;12	4210	436	1.0	223;445	1.84	5
M50J	6;12	4120	475	0.8	109;218	1.88	5
M55J	6	4020	540	0.8	218	1.91	5
M60J	3;6	3920	588	0.7	103;206	1.93	5
M65J	—	3600	637	0.6		1.98	4.7
M70J	—	—	690	—			

从表 2-1 各产品牌号的数据可以看出：

（1）东丽碳纤维产品的力学性能不断提高。T300 的抗拉强度为 3530MPa，抗拉模量为 230GPa，而到了 T1000 其抗拉强度达到了 7020MPa，M70J 的抗拉模量则达到了 690GPa。力学性能的提高，使东丽的碳纤维在高端领域的应用范围不断扩大，例如，航空航天、原子能、电力、高级体育用品等。

（2）东丽主要生产小丝束碳纤维，每束纤维根数主要有 1K、3K、6K、12K。现在，东丽也逐渐倾向于向大丝束碳纤维发展。例如，T600S、T700S、T700G、M30S 和 M30G 的 K 数都在 18K 或 24K。这种趋势主要是因为大丝束碳纤维比小丝束碳纤维的性价比高，价格要比小丝束碳纤维便宜 30%~40%，而性能与小丝束碳纤维相当。这种碳纤维也更容易制造单向预浸料，例如东丽生产的供一般航空工业用的结构复合材料预浸料 T700G 12K UDT/2510 和 T700G 12K PW F/2510，其中，T700G 的每束纤维根数即为 12K。

（3）碳纤维细旦化。T300～T700 级、M40 的碳纤维单丝直径在 7μm 左右，而 T800S、T800H、T1000、T1000G、MJ 系列碳纤维的单丝直径已经降到 5μm 左右。细旦化的纤维在制造过程中可显著降低或消除皮芯结构，并且显著提高碳纤维的性能。

（4）碳纤维密度不断提高。T300 的密度在 1.76 g/cm³ 左右，高强型碳纤维 T700～T1000 的密度已经提高到了 1.80g/cm³ 左右，石墨纤维 M55J～M65J 的密度都在 1.90g/cm³ 以上。由于碳纤维拉伸强度对各种缺陷孔隙十分敏感，体密度高，纤维中孔隙所占体积分数少，有利于拉伸强度的提高。

（5）碳纤维的断裂伸长率不断提高。T300 的断裂伸长率为 1.5%，T800S 为 2.0%，而 T1000 则达到了 2.4%。碳纤维的断裂伸长率与碳纤维的韧性有关，其断裂伸长率越高，说明碳纤维的韧性越好，越不容易断裂。这种大断裂伸长率的碳纤维主要用于航空领域，大飞机的结构特点要求制作复合材料的碳纤维具有大断裂伸长率。

从 1969 年申请第一项关于碳纤维的专利至今，东丽在碳纤维方面共申请了 1468 项专利，其中得到授权的专利有 79 项。由于东丽碳纤维各类型产品分类的主要依据是碳纤维的抗拉强度、抗拉模量、伸长率、线密度、密度、单丝直径，尤其是碳纤维的抗拉强度和抗拉模量。因此，通过对申请文件中记载的碳纤维性能参数进行比对，与产品牌号直接对应的授权专利共 32 项。图 2-16 示出了东丽各产品牌号对应的授权专利。

东丽的授权专利囊括了聚合、纺丝、油剂、氧化、碳化、石墨化、表面处理这些碳纤维的全工艺流程。但从 T300～M65J 这些产品牌号所对应授权专利涉及的技术内容来看，在各个时期东丽对上述工艺流程的各个环节的研发重点并不相同。通过分析这些专利，可以看出东丽在各个时期对碳纤维的研发重点和保护重点。

2.3.2 产业链发展脉络分析

另一种技术脉络分析方法是将技术分支按照在产业链中的位置进行分类，再梳理处于产业链不同位置的技术的发展脉络。

【案例 2-8】赛诺菲-安万特在低分子肝素领域的技术发展路线[1]

赛诺菲-安万特作为肝素领域全球第一厂商，其技术发展很值得关注。

图 2-17 为赛诺菲-安万特在低分子肝素领域的技术发展路线，其中专利的年代是由该项专利的最早申请日确定，由申请日确定专利的年份可以更好地反映出该项专利技术产生的时间。图 2-17 中将赛诺菲-安万特的专利分为生产方法、分析测定、

---

[1] 杨铁军. 产业专利分析报告（第 6 册）：乳制品生物医用、天然多糖 [M]. 北京：知识产权出版社，2012.

抗凝血抗血栓药物、非抗凝药物四大类，有别于本章三大技术分支的分类方法。这是由赛诺菲-安万特自身技术重点决定的，采用新的分类更有利于分析其技术发展路线。

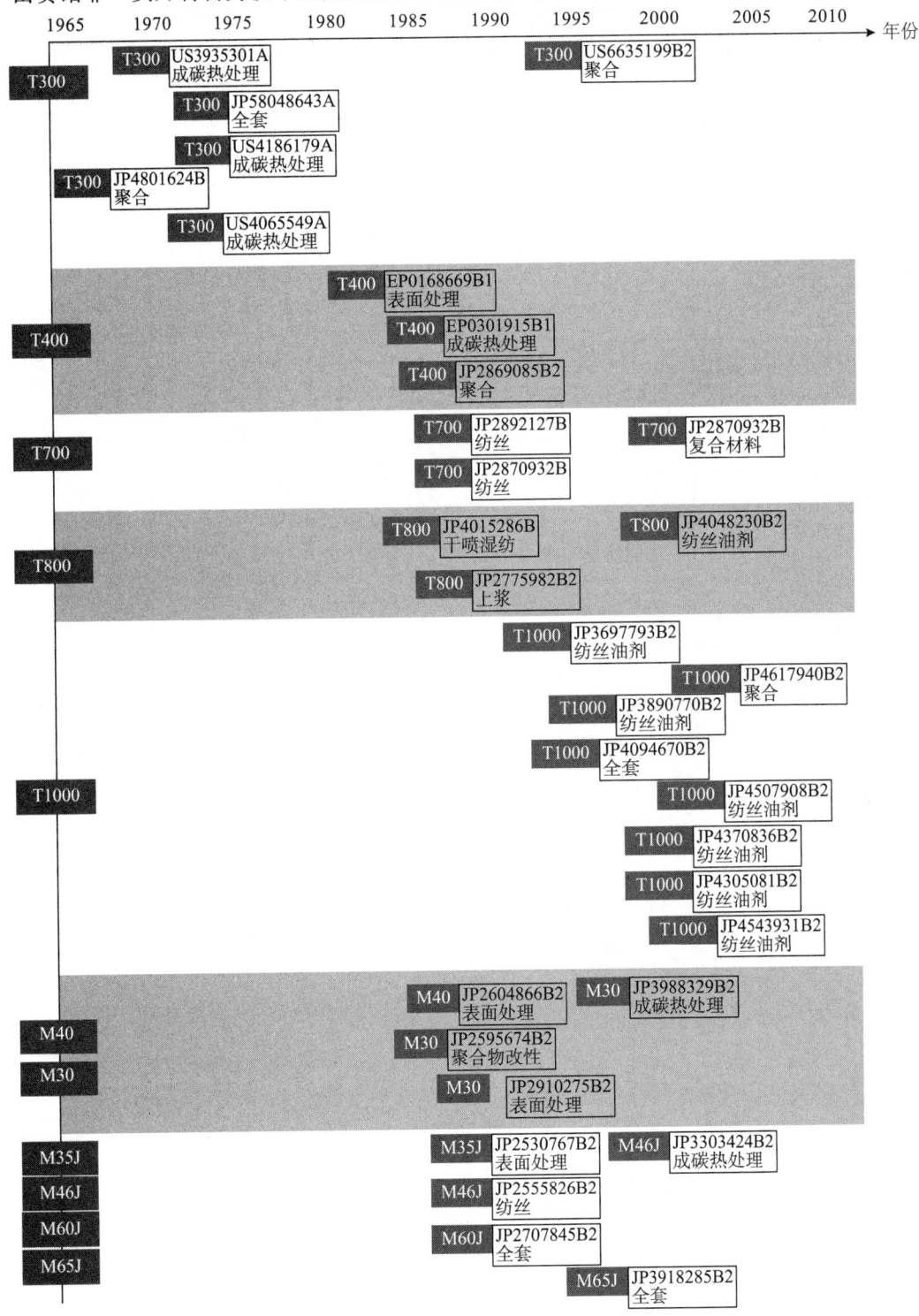

图 2-16 东丽各产品牌号对应的授权专利

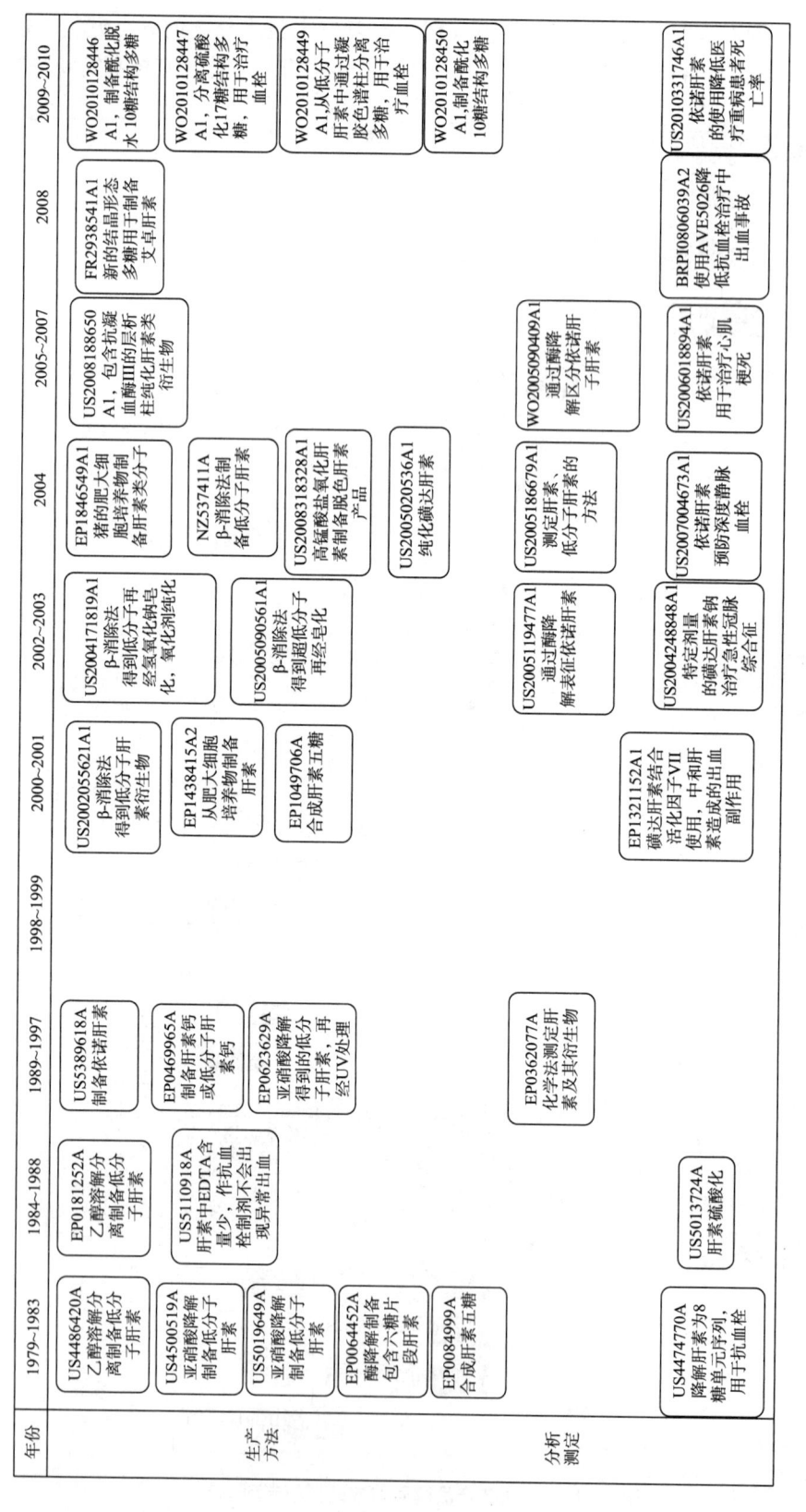

图 2-17 赛诺菲-安万特在低分子肝素领域的技术发展路线

年份	1979~1983	1984~1988	1989~1997	1998~1999	2000~2001	2002~2003	2004	2005~2007	2008	2009~2010
抗凝血抗血栓药物	US4727063A 用硫酸和C1S03H对肝素改性，作为抗血栓和降血脂制剂 US4687765A 低分子肝素抗血栓降低出血风险	FR2622450A 与硫酸皮肤素联合使用作为抗血栓剂减少出血风险 FR2637804A 对肝素进行N-去硫酸化，产物具有抗血栓活性但没有抗凝血活性			US2001041686A1 依诺肝素治疗脑缺血	US2005209175A1 艾卓肝素用于治疗深度静脉血栓	US2006293279A1 依诺肝素预防和治疗术后静脉血栓等 US2005192252A1 依诺肝素预防和治疗术后静脉血栓等 EP1568372A1 依诺肝素治疗预防血栓 EP1699819A2 肝素治疗外边或心肌缺血	US2007191304A1 依诺肝素用于治疗和防止血栓 US2010075922A1 生物素化肝素衍生物，抗血栓剂 US2010081629A1 低分子肝素与生物素共价连接，抗血栓剂 WO2008055092A2 依诺肝素治疗急性缺血性中风等	CA2645982A1 使用AVE5026降低抗血栓治疗中出血事故 EP2145624A1 使用idrabiotaparinux降低出血风险 MXPA08015729A 使用AVE5026减小出血概率 US2010062997A1 艾卓肝素预防治疗血栓栓塞	EP2315593A1 idrabiotaparinux的使用预防治疗血栓 EP2233145A1 使用 AVE5026治疗肾脏损伤和血栓 WO2010128449A1 分离依诺肝素钠盐治疗血栓
非抗凝药物		EP0208623A 用于治疗结缔组织疾病 EP0244298A 化学改性，并且肝素只有14糖单元，具有促进细胞生长作用 US4777161A 低分子肝素降血浓度	EP0641213A 肝素衍生物治疗血小板紊乱	INDEL200300995A 低分子肝素用于治疗中枢神经系统创伤 EP1421943A1 低分子肝素用于预防和治疗中枢神经系统损伤 EP0984787A1 低分子肝素用于预防和治疗脑水肿 US2003236222A1 低分子肝素用于治疗运动神经元疾病	EP1226148A2 低分子肝素与碱金属氢氧化物反应，治疗骨关节炎、神经病痛 US2002128226A1 依诺肝素作为基质金属蛋白酶抑制剂 US2002019368A1 低分子肝素与碱金属硼氢化物等反应，治疗炎症	US2003109491A1 低分子肝素与螯合剂由共价键连接用于治疗过多的代谢活性蛋白酶类的疾病 US2005164985A1 依诺肝素治疗癌症		US2007142323A1 肝素酶降解肝素使其抗血 用于治疗癌症		

图 2-17　赛诺菲-安万特在低分子肝素领域的技术发展路线（续）

从赛诺菲-安万特申请的专利总量可以看出其在肝素新品的研发上投入很大,从专利所涉及的产品可以发现该公司在技术研发上采取多种新药研究同步推行的策略。赛诺菲-安万特早在 20 世纪 80 年代就已经开始合成五糖结构肝素的研究并申请了 EP0084999A,同时还进行亚硝酸法降解低分子肝素的研究,申请了相关专利 US5019649A、US4500519A 等;1991 年申请了由 β-消除法降解低分子肝素得到依诺肝素的专利 US5389618A,近期开发的人工合成肝素艾卓肝素(Idraparinux)和生物素化肝素(Idrabiotaparinux),并已经申请了大量相关专利,如 FR2938541A1、EP2145624A1、US2010062997A1 等。

赛诺菲-安万特的专利申请涉及方面很广,从肝素生产到结构测定,从抗凝血抗血栓用途到非抗凝用途都有涉及。不难发现,赛诺菲-安万特对一项肝素产品的专利保护是从多个层面出发的,既保护其产品与制备方法,还保护测定该产品的方法以及该产品的用途。对一项产品从各个面形成多层保护,这很能体现该公司的专利保护策略。以依诺肝素为例,自 1991 年赛诺菲-安万特申请了关于依诺肝素制备方法及产品的专利 US5389618A 开始,陆续于 2003 年申请的 US2005119477A1、2004 年申请的 US2005186679A1、2005 年申请的 WO2005090409A1 都涉及测定依诺肝素的方法,并且之后在医药药品领域针对依诺肝素的适应症申请了例如 US2001041686A1、US2007004673A1、US2006018894A1、US2006293279A1、WO2008055092A2 等多项专利。

赛诺菲-安万特从 20 世纪 80 年代起就有关于合成肝素的专利申请,目前其已经研发出比较成熟的合成肝素产品艾卓肝素和生物素化肝素,并申请了相关产品及其医药用途的相关专利。赛诺菲-安万特的技术一定程度代表了肝素领域的前沿技术,可以预测到今后合成肝素将是肝素领域发展的一大热点,而我国在这方面技术还处于空白阶段,如何应对这一发展趋势值得我国肝素行业关注。

2.3.3 核心技术发展脉络分析

【案例 2-9】高性能子午线轮胎胎面胶料基体橡胶替代天然橡胶的技术路线图[1]

胎面指胎冠部位缓冲层或带束层以上的外胎胶层,或外胎与地面接触的轮胎行驶面,是轮胎的重要组成部分。其作用是防止胎体受机械损伤、传递车辆牵引力和制动力、缓冲轮胎在行驶过程中所承受的冲击。要求具有良好的耐磨、耐刺扎性能、好的弹性和对地面的抓着性能。

胎面胶大部分使用的是天然橡胶,21 世纪以来,世界天然橡胶消费量逐年增长,市场供需关系偏紧。根据国际橡胶研究组织统计,2012 年世界天然橡胶产量 1132.7 万吨,预计未来几年全球天然橡胶产量将小幅增加,但供应仍将不能满足增长的需求。

我国是世界天然橡胶消费大国。近年来,我国经济持续保持高速增长,尤其是我国汽车工业的飞速发展和高速公路网的大力发展,极大地推进了我国轮胎生产量和天

---

[1] 杨铁军. 产业专利分析报告(第 42 册):高性能子午线轮胎 [M]. 北京:知识产权出版社,2016.

然橡胶的消费量。据有关部门统计，2010年我国天然橡胶消费量达到300万吨，占全球天然橡胶总消耗量的31%，我国已经连续多年成为全球最大的天然橡胶消费国。而我国2010年天然橡胶产量仅为68.7万吨，进口天然橡胶186.2万吨，严重影响我国橡胶工业的平稳、安全发展。在全国政协十届五次会议期间，会议提出了《关于把天然橡胶的安全供给提升为国家战略》的提案。该提案指出，我国自2001年起就是世界上最大的天然橡胶进口国和消费国，但目前的天然橡胶自给率大大低于基本的安全保障线，因此建议把天然橡胶的安全供给提升为国家战略，保障我国经济健康运行和国防战略的安全。

鉴于天然橡胶的供应紧缺及安全，迫切需要在轮胎领域开发天然橡胶的替代技术，以满足我国橡胶工业发展的需要。在胎面胶领域，天然橡胶的替代技术主要集中在其他橡胶体系和其他橡胶的改性这两个技术分支。

下面对这两个技术分支的重点专利和技术路线进行梳理。

首先，根据同族数量、引用次数、技术方案、申请人等指标，确定了胎面基体橡胶重点专利，然后再根据这些重点专利绘制技术路线图，以分析替代天然橡胶的技术发展方向。

其他橡胶体系领域和其他橡胶的改性领域的重点专利如表2-2所示。

表2-2 胎面基体橡胶重点专利列表

公开号	申请年	申请人	技术方案	同族数量	引用次数	是否进入中国
DE1545522B	1963	固特异	调整聚丁二烯橡胶的顺式结构含量与乙烯基含量，并与苯乙烯-丁二烯共聚物并用	3	—	否
FR2490651A	1980	JSR株式会社	具有特定乙烯基含量的聚丁二烯和特定苯乙烯含量和乙烯基含量的丁苯橡胶（滚动阻力、抗湿滑性）	16	35	否
GB2071117A	1980	邓禄普和壳牌	提高分子链两端苯乙烯含量，提高乙烯基含量（滚动阻力、抗湿滑性）	26	13	否
EP0048618A	1981	普利司通	调节苯乙烯含量和乙烯基含量（抗湿滑性）	9	3	否
GB2110695A	1982	普利司通和JSR株式会社	氯化锡偶联，控制苯乙烯和乙烯基含量（滚动阻力、抗湿滑性）	8	17	否

续表

公开号	申请年	申请人	技术方案	同族数量	引用次数	是否进入中国
EP0270071A	1987	住友	使用含硝基化合物、氯化膦酰化合物、氨基硅烷化合物改性二烯弹性体（滚动阻力、抗湿滑性）	18	50	否
EP0260325A	1987	旭化成化学	使用不含活泼氢的有机基或含硅化合物末端改性二烯聚合物（高弹、抗冲击、高韧性）	11	23	否
EP0302196A	1988	希尔斯	特定含量的丁二烯、苯乙烯、异戊二烯共聚物（滚动阻力、抗湿滑性、耐磨性）	14	10	否
EP0328774A	1989	希尔斯	特定含量的丁二烯、苯乙烯、异戊二烯共聚物（滚动阻力、抗湿滑性、耐磨性）	12	11	否
US5047483A	1989	固特异	丁二烯、苯乙烯、异戊二烯共聚物（滚动阻力、抗湿滑性、耐磨性）	9	52	否
EP0451603A	1991	普利司通	使用包含醛亚胺、酮亚胺、仲胺的有机锂引发剂使得官能团留在聚合物主链上，改性聚合物（高回弹、低滚阻、低生热）	18	53	否
US5262213A	1992	固特异	特定苯乙烯含量、特定乙烯基含量、特定顺式结构和反式结构含量、特定的Tg（滚动阻力、抗湿滑性）	12	9	否
EP0501227A1	1992	米其林	标志性的"绿色轮胎"技术，特定的苯乙烯含量，特定的Tg，与特定的二氧化硅（滚动阻力、抗湿滑性、耐磨性）	14	259	否
EP0761748A2	1996	横滨橡胶	聚硅氧烷用于胎面（耐磨性）	15	38	否

续表

公开号	申请年	申请人	技术方案	同族数量	引用次数	是否进入中国
EP0942042A2	1999	固特异	不同分子量、不同苯乙烯含量的乳聚丁苯橡胶并用（滚动阻力，耐磨性）	33	20	是
EP1092565A1	2000	固特异	聚丁二烯、丁苯橡胶、顺式聚丁二烯并用（滚动阻力、耐磨性）	8	8	否
EP1290083A1	2001	米其林	分子链上带羧酸基团（滚动阻力）	22	9	是
WO03029299A1	2002	JSR株式会社	共轭二烯或丁苯橡胶分子链结合伯氨基和烷氧基甲硅烷基（抗湿滑性、耐磨性）	24	119	是
WO02074820A1	2002	日本瑞翁	丁二烯、苯乙烯、异戊二烯共聚物（抗湿滑性、耐磨性、低生热）	15	11	是
WO03048216A1	2002	普利司通	烃基硅烷化合物一次改性，然后烃氧基硅烷化合物二次改性（耐磨性、低生热）	11	39	是
WO2004106397A1	2004	普利司通	将极性单体、含锡单体或含烷氧基甲硅烷基单体接枝到天然橡胶上（耐磨性）	32	27	是
WO2005021637A1	2004	日本瑞翁	有机聚硅氧烷接枝共轭二烯并含有特定官能团（抗湿滑性、耐磨性、低生热）	11	13	是
WO2006050486A1	2005	普利司通	化学键合至聚合物末端的多面体残基的大分子（抗疲劳、耐裂纹生长）	22	6	是
WO2006070634A1	2005	普利司通	用鎓盐和氮丙啶环改性聚合物末端（耐磨性、低生热）	9	7	是
WO2007066651A1	2006	普利司通	制备高顺式窄分子量分布的聚丁二烯（耐磨性、抗裂纹生长）	21	4	是

续表

公开号	申请年	申请人	技术方案	同族数量	引用次数	是否进入中国
WO2007047943A2	2006	陶氏	硅烷-硫化物末端改性弹性体（耐磨性、低生热）	22	25	是
WO2006076629A1	2006	普利司通	环状氮杂硅杂环、环状氮杂锡杂环（低滚阻）	12	10	是
US2008103261A1	2006	普利司通	伯氨基烷氧基的甲硅烷基改性共轭二烯聚合物末端（耐磨性、低生热）	14	12	是
US2006280925A1	2006	韩泰轮胎	天然橡胶、丁苯橡胶、聚丁二烯（抗湿滑性、耐磨性、操控稳定性）	10	2	是
WO2008013090A1	2007	旭化成	2个以上叔氨基和1个以上的烷氧基甲硅烷基低分子（抗湿滑性、耐磨性、断裂强度、低滞后）	24	13	是
WO2009034001A1	2007	朗盛和倍耐力	高乙烯基含量，并且引入官能团，羧基或羟基，聚丁二烯（滚动阻力、抗湿滑性、耐磨性）	21	3	是
WO2009049413A1	2008	朗盛	卤代丁基橡胶和三组分改性剂体系，硅烷、膦以及羟基团和碱性胺官能团（耐磨）	33	3	是
US2009005496A1	2008	住友	三烷氧基硅烷化合物改性二烯聚合物（高回弹）	9	4	是
US2009105408A1	2008	普利司通	末端被氨基甲酸酯取代（抗湿滑性、低生热）	14	1	是
WO2010044252A1	2009	旭化成	丁苯橡胶聚合物末端被烷氧基甲硅烷基和氮原子改性（抗湿滑性、耐磨性、耐低温、抗裂纹、低滞后）	15	19	是

从表2-2中可以看出，2000年之后各大公司申请的重要专利均进入了中国，说明各大公司均非常重视中国市场，在中国进行专利布局。然而在其中并没有看见国内企业的身影。国内企业应重视专利布局，加大专利申请力度，不能只让国外企业在中国市场上跑马圈地。

根据上述专利绘制了如图2-18的技术路线图，可以总结出以下三种替代天然橡胶的技术路线。

（1）通过调节丁苯橡胶中苯乙烯含量、乙烯基含量和聚合物链段分布以改善轮胎的滚动阻力、抗湿滑性和耐磨性等性能，由此提高胎面胶中丁苯橡胶的用量，降低天然橡胶的使用

增大苯乙烯含量可以提高抗湿滑性，改善加工性能，但会提高滚动阻力和降低耐磨性和弹性；增大乙烯基含量会降低滚动阻力和生热。

1980年，JSR株式会社申请FR2490651A，提出具有特定苯乙烯含量和特定乙烯基含量的丁苯橡胶或特定乙烯基含量的聚丁二烯橡胶，来改善轮胎胎面的滚动阻力和抗湿滑性。

同年，邓禄普和壳牌申请GB2071117A，提出提高丁苯橡胶分子链两端苯乙烯含量，并且提高乙烯基含量，来改善胎面的滚动阻力和抗湿滑性。

1981年，普利司通申请EP0048618A，提出调节丁苯橡胶的苯乙烯含量和乙烯基含量，来提高胎面的抗湿滑性。

1982年，普利司通和JSR株式会社申请GB2110695A，提出使用氯化锡偶联，并控制丁苯橡胶的苯乙烯和乙烯基含量，来提高胎面的滚动阻力和抗湿滑性。

1983年，普利司通申请US4398582A，提出使用不同Tg和不同乙烯基、苯乙烯含量的两种溶聚丁苯橡胶和乳聚丁苯橡胶并用的技术方案，以改进轮胎的滚动阻力、抗湿滑性和耐磨性。

1992年，固特异申请US5262213A，提出特定苯乙烯含量、特定乙烯基含量、特定顺式结构和反式结构含量，以及特定Tg的丁苯橡胶，来改善轮调胎面的滚动阻力和抗湿滑性。

同年，米其林申请了标志性的"绿色轮胎"专利EP0501227A1，提出特定的苯乙烯含量、特定Tg的丁苯橡胶与特定的二氧化硅和偶联剂配合，达到了同时改善轮胎滚动阻力、抗湿滑性和耐磨性的技术效果，其引用次数达到了259次，其后出现了各种以该专利为基础的改进技术。

1999年，横滨橡胶申请了US5834552A，提出使用不同Tg和不同乙烯基、苯乙烯含量的两种溶聚丁苯橡胶和乳聚丁苯橡胶与天然橡胶并用的技术方案，以改进轮胎的滚动阻力、抗湿滑性和耐磨性。

1999年，固特异申请EP0942042A2，提出不同分子量不同苯乙烯含量的乳聚丁苯橡胶并用的技术方案，以轮胎胎面的改善滚动阻力和耐磨性。

2002年，固特异申请US2004210005A1，提出特定苯乙烯含量和反式丁二烯共聚的丁苯橡胶与其他橡胶并用以提高耐磨性。

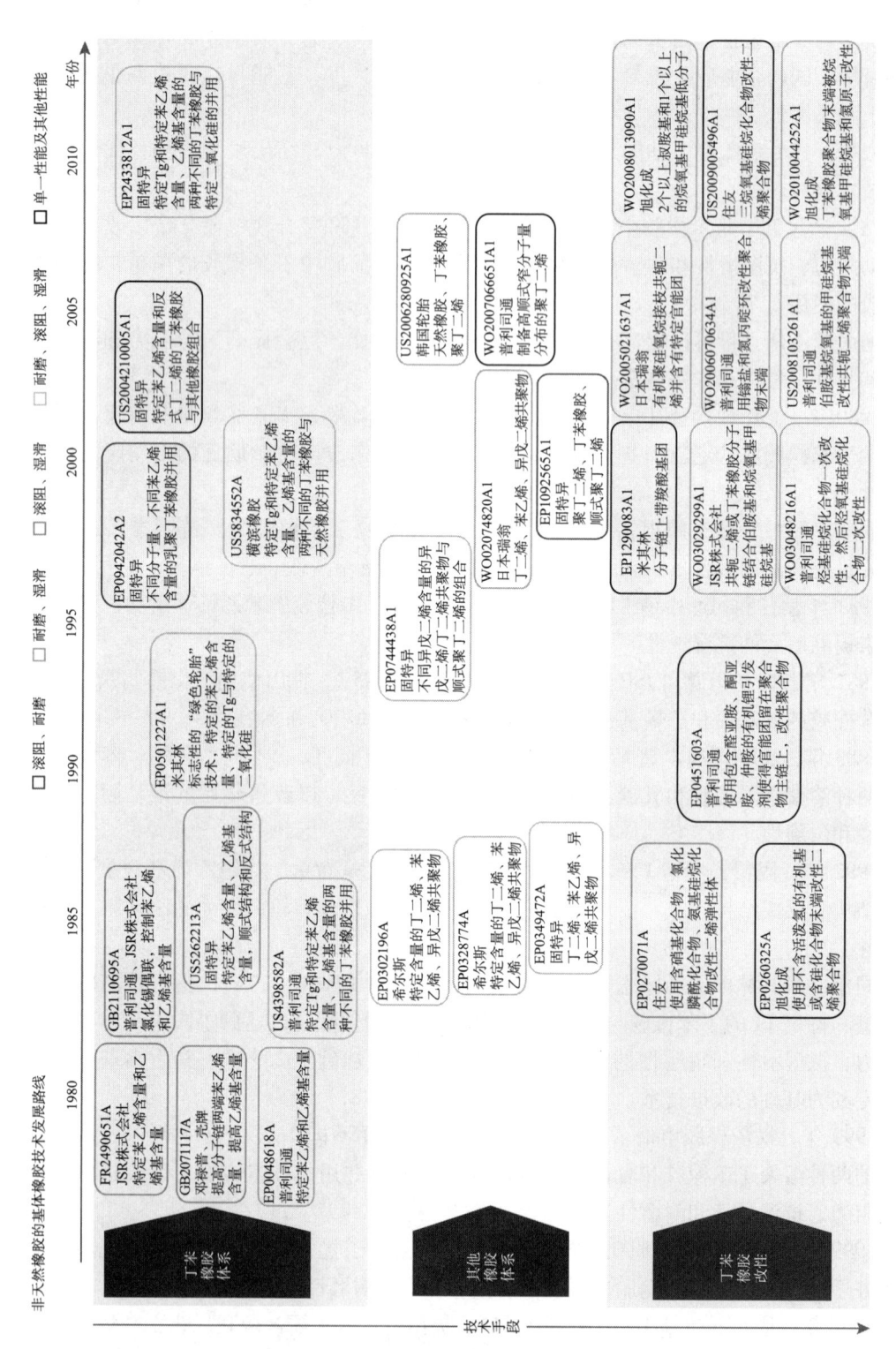

图 2-18 非天然橡胶基体橡胶的技术路线图

2010年，固特异申请EP2433812A1，提出使用不同Tg和不同乙烯基、苯乙烯含量的两种溶聚丁苯橡胶和乳聚丁苯橡胶与顺丁橡胶和特定的二氧化硅并用的技术方案，以改进轮胎的滚动阻力、抗湿滑性和耐磨性。

（2）在合成丁苯橡胶中加入异戊二烯共聚单体以改善橡胶的性能，进而替代天然橡胶；或者丁苯橡胶与其他橡胶并用

异戊二烯共聚单体的加入可以提高弹性和加工性能，同时也可以保持丁二烯链段带来的低滚动阻力和高耐磨性，以及苯乙烯链段的高抗湿滑性。

1963年，固特异申请DE1545522B，较早地提出了在轮胎与地面接触的部分使用调整聚丁二烯橡胶的顺式结构含量与乙烯基含量，并与苯乙烯-丁二烯共聚物并用的技术方案，以改善轮胎的性能，这使得非天然橡胶的并用进入人们视线。

1988年，希尔斯申请EP0302196A，提出在苯乙烯、丁二烯、异戊二烯以特定含量共聚，得到的聚合物不需要混合其他种类的橡胶就可以改善轮胎胎面的滚动阻力、抗湿滑性和耐磨性。

1989年，希尔斯又申请了EP0328774A，进一步改变苯乙烯、丁二烯、异戊二烯的含量进行共聚，来改善轮胎胎面的滚动阻力、抗湿滑性和耐磨性。

1989年，固特异申请US5047483A，同样将特定含量的苯乙烯、丁二烯、异戊二烯进行共聚，来改善轮胎胎面的滚动阻力、抗湿滑性和耐磨性。

1996年，固特异申请EP0744438A1，提出使用不同异戊二烯含量的丁二烯-异戊二烯共聚物与顺式聚丁二烯并用的技术方案，以提高轮胎的滚动阻力、抗湿滑性和耐磨性。

2000年，固特异申请EP1092565A1，提出1,4-聚丁二烯、苯乙烯-丁二烯共聚物和顺式聚异戊二烯与炭黑和白炭黑并用的技术方案，以提高轮胎的滚动阻力和耐磨性能。

2002年，日本瑞翁申请WO02074820A1，将30wt%~99.9wt%的丁二烯，0.1wt%~10wt%的异戊二烯和0~60wt%的苯乙烯进行共聚并掺入增量油，来改善轮胎胎面的滚动阻力、抗湿滑性和耐磨性。

2006年，韩泰轮胎申请US2006280925A1，提出天然橡胶、丁苯橡胶、聚丁二烯并用的技术方案，以提高轮胎的抗湿滑性、耐磨性和操纵稳定性。

2006年，普利司通申请WO2007066651A1，提出制备高顺式窄分子量分布的聚丁二烯，以提高轮胎的耐磨性和抗裂纹生长。

（3）使用改性剂对橡胶分子末端进行改性，以提高橡胶的性能进而替代天然橡胶

1987年，住友申请了EP0270071A，提出使用含硝基化合物、氯化膦酰化合物、氨基硅烷化合物改性二烯弹性体，以提高胎面的滚动阻力、抗湿滑性。

同年，旭化成申请了EP0260325A，提出使用不含活泼氢的有机基或含硅化合物末端改性二烯聚合物，以提高胎面胶的弹性、抗冲击性能和韧性。

1991年，普利司通申请EP0451603A，提出使用包含醛亚胺、酮亚胺、仲胺的有机锂引发剂使得官能团留在聚合物主链上，并且使用改性剂进一步与锂离子活性段反应

进一步改性聚合物，以得到高回弹、低滚阻、低生热的胎面胶料。

2001年，米其林申请了EP1290083A1，提出用羧酸基团改性聚合物分子链，以提高滚动阻力。

2002年，JSR株式会社申请WO03029299A1，提出共轭二烯或丁苯橡胶分子链结合伯氨基和烷氧基甲硅烷基，来提高抗湿滑性和耐磨性。

同年，普利司通申请了WO03048216A1，提出用烃基硅烷化合物一次改性聚合物，然后再用烃氧基硅烷化合物进行二次改性，以改善耐磨性和生热性能。

2004年，日本瑞翁申请WO2005021637A1，提出将有机聚硅氧烷接枝到共轭二烯聚合物并使其含有特定官能团，来改善抗湿滑性、耐磨性和生热性能。

2005年，普利司通申请WO2006070634A1，提出用鎓盐和氮丙啶环改性聚合物末端，以提高胎面的耐磨性和降低生热。

2006年，普利司通申请US2008103261A1，使用含伯氨基烷氧基的甲硅烷基改性共轭二烯聚合物末端，以改进胎面的耐磨性和低生热性。

2007年，旭化成申请WO2008013090A1，使用2个以上叔氨基和1个以上的烷氧基甲硅烷基低分子来改性共轭二烯，以改善抗湿滑性、耐磨性和断裂强度，并且降低滞后。

2009年，旭化成申请WO2010044252A1，丁苯橡胶聚合物末端被烷氧基甲硅烷基和氮原子改性，以提高抗湿滑性、耐磨性、耐低温、抗裂纹、低滞后等性能。

由于可以使用不同种类的改性剂，并且改性剂的分子结构越来越复杂，因此对橡胶分子的末端进行改性可以提高多种性能，例如低滚动阻力、高抗湿滑性、低生热和低滞后等。近年来，对橡胶分子链的改性技术的申请量呈飞速增长态势，因此该领域是今后研究的热点。此外，还有使用合成聚异戊二烯来代替天然橡胶的方法。

基于上述分析可知，我国迫切需要在轮胎领域开发天然橡胶的替代技术，目前存在三种替代天然橡胶的技术路线：①通过调节丁苯橡胶中苯乙烯含量、乙烯基含量和聚合物链段分布以改善轮胎的滚动阻力、抗湿滑性和耐磨性等性能，由此提高胎面胶中丁苯橡胶的用量，降低天然橡胶的使用；②在合成丁苯橡胶中加入异戊二烯共聚单体以改善橡胶的性能，进而替代天然橡胶；③使用改性剂对橡胶分子末端进行改性，以提高橡胶的性能进而替代天然橡胶；其中第三种技术路线是未来的研究热点。此外，还有使用合成聚异戊二烯来代替天然橡胶的方法。

2.3.4 行业巨头发展脉络分析

【案例2-10】美国戈尔公司在全氟磺酸树脂膜领域的技术发展路线[1]

美国戈尔公司是全氟磺酸树脂膜领域的行业领军企业，该报告中分析了戈尔在全氟磺酸树脂膜领域的技术发展路线。

---

[1] 杨铁军. 产业专利分析报告（第26册）：氟化工［M］. 北京：知识产权出版社，2014.

戈尔涉及全氟磺酸树脂膜的在华申请共 16 件，按照要解决的技术问题，分为以下两组：改善电导率和机械强度相关申请、改善耐久性相关申请。图 2-19 中示出了戈尔在全氟磺酸树脂膜领域的技术发展路线。

（1）改善电导率和机械强度相关申请

在技术发展初期，戈尔的专利申请更多地集中在改善全氟磺酸电池膜的电导率和机械强度问题。

在其 1992 年首次提出的公开号为 US5190813A 的专利申请中，公开了如下技术方案：先将多孔聚四氟乙烯膜浸入 Nafion 树脂的溶液中并干燥，再将得到的膜进行亲水化处理，并随后镀铂得到电解质膜。通过该方法得到的电池膜具有较大的反应面积，兼具柔韧性和坚固性，并且可以模塑为任意形状。

1994~1998 年，戈尔一直致力于超薄复合膜的研发。1994 年戈尔提交了公告号为 US6254978B1 的专利申请，其具体技术方案为：用全氟磺酸树脂溶液浸渍膜厚至多为 0.8 密尔的聚四氟乙烯多孔膜，多次重复该过程直到全氟磺酸树脂充满微孔得到超薄复合膜。通过该方法得到的超薄复合膜具有较高的离子电导率和拉伸强度，在被水溶胀后 x、y 方向上的线性膨胀率较小。

1995 年戈尔再次提交了公开号分别为 US5635041A 和 US5547551A 的 2 件专利申请，其中均使用一种全氟磺酸树脂溶液浸渍聚四氟乙烯多孔膜。US5635041A 的技术方案为：用全氟磺酸树脂溶液浸渍聚四氟乙烯多孔膜，多次重复该过程直到全氟磺酸树脂充满微孔得到超薄复合膜。US5547551A 的技术方案为：用全氟磺酸树脂溶液浸渍膜厚不超过 1 密尔的聚四氟乙烯多孔膜，多次重复该过程直到全氟磺酸树脂充满微孔得到超薄复合膜。通过这两种方法得到的超薄复合膜具有较高的离子电导率和尺寸稳定性，在被水溶胀后依然具有较高的机械强度。

1996 年和 1997 年戈尔分别提交了公开号分别为 WO9628242A1 和 WO9740924A1 的专利申请。WO9628242A1 的技术方案为：将全氟磺酸树脂溶液涂刷在聚四氟乙烯膜两侧使其充满并封闭膜的内部体积、干燥，该过程重复多次以完全封闭内部体积，除去表面活性剂并干燥得到超薄复合膜。通过该方法得到的超薄复合膜具有优良的离子电导率和尺寸稳定性。WO9740924A1 的技术方案为：将全氟磺酸树脂溶液涂刷在聚四氟乙烯多孔膜两面上并随后干燥，多次重复该过程直到全氟磺酸树脂充满微孔得到超薄复合膜。通过该方法得到的超薄复合膜具有较高的离子电导率和尺寸稳定性，在被水溶胀后依然具有较高的机械强度。

由上述专利申请的技术方案可以看出，在早期制备超薄复合膜的方法中仅仅使用一种全氟磺酸树脂溶液浸渍聚四氟乙烯多孔膜。

1997 年戈尔再次提交了公开号分别为 US9741168A1 和 US6130175A 的 2 件专利申请，其中均使用两种全氟磺酸树脂溶液浸渍聚四氟乙烯多孔膜制备超薄复合膜。US9741168A1 的技术方案为：在微孔聚四氟乙烯膜的两面上分别用不同的离子交换材料浸渍，两种材料都分别将微孔聚四氟乙烯膜所在面上近表面处的孔隙完全填满并堵塞，其中至少一种离子交换材料为全氟磺酸树脂，得到超薄复合膜。通过该方法得到的

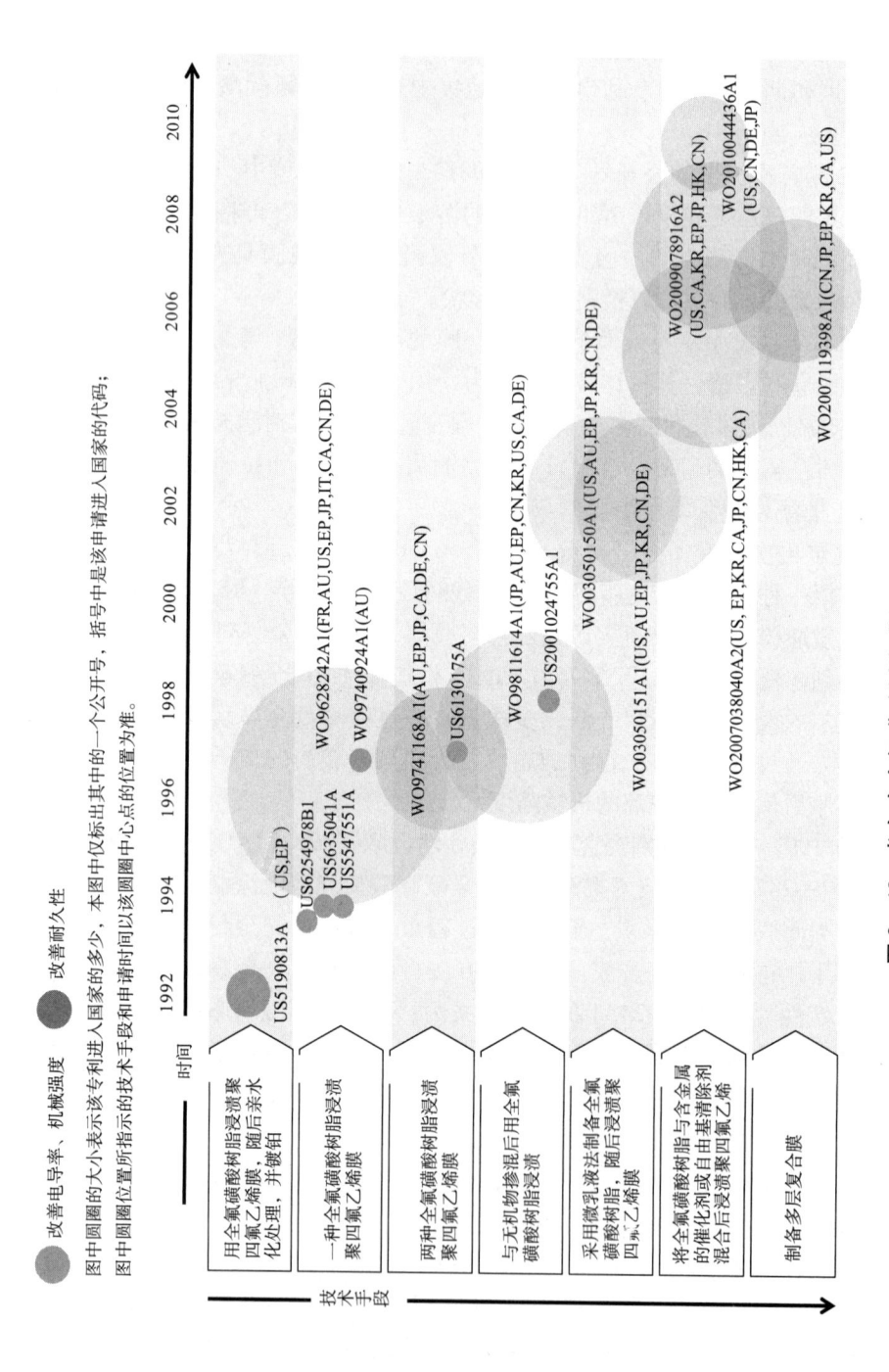

图 2-19 戈尔在全氟磺酸树脂膜领域的技术发展路线

超薄复合膜具有较高的离子电导率和拉伸强度，在被水溶胀后 x、y 方向上的线性膨胀率较小。US6130175A 的技术方案为：将薄膜厚度小于 2 密尔的聚四氟乙烯多孔膜一面上的孔以第一离子交换材料浸渍，另一面上的孔以第二离子交换材料浸渍，从而得到超薄复合膜，其中第一离子交换材料和第二离子交换材料具有不同的结构、官能团、当量或者其组合，二者可以都是全氟磺酸离子聚合物。通过该方法得到的超薄复合膜不会分层，具有较高的离子电导率和尺寸稳定性。

在随后的 2 年中，戈尔以包含无机物的超薄复合膜为主题提出了专利申请，其公开号分别为 WO9811614A1 和 US2001024755A1。在 WO9811614A1 中采用的技术方案为：将聚四氟乙烯树脂分散液与无机填料共混，得到的共混物经压制、挤出、辊压、发泡膨胀后得到片材，将全氟磺酸树脂溶液涂刷在片材两侧，最终得到固体电解质复合膜。该方法得到的复合膜具有优良的电导率和机械强度。US2001024755A1 中采用的技术方案为：将聚四氟乙烯树脂分散液与无机填料共混，得到的共混物经压制、挤出、辊压、发泡膨胀后得到片材，将全氟磺酸树脂溶液涂刷在片材两侧，最终得到固体电解质复合膜。该方法得到的复合膜具有优良的电导率和机械强度。

1999 年以后，戈尔的研发重点不再集中于超薄复合膜。2002 年其提出的公开号为 WO03050150A1 和 WO03050151A1 的专利申请中，公开了以微乳液法制备较高电导率的全氟磺酸树脂，将所得全氟磺酸树脂溶液涂刷在聚四氟乙烯两个面上并干燥，重复上述过程 2 次，并随后烘干、冷却至室温后，在两个面上再涂刷一层全氟磺酸树脂溶液，干燥即得聚合微电解质膜。该方法得到的电解质膜特别适用于低湿度或高温燃料电池中。

（2）改善耐久性相关申请

近年来，戈尔的专利申请主要涉及改善全氟磺酸电池膜的耐久性问题，在解决该问题时，主要采用以下两种技术手段。

1）将全氟磺酸树脂与含金属的催化剂或自由基清除剂混合后浸渍聚四氟乙烯。例如，2005 年，戈尔提出的公开号为 WO2007038040A2 的专利申请中，公开了将全氟磺酸树脂与含铂的催化剂、溶剂等混合制得离子交换材料溶液，将该溶液稀释后涂布于聚萘二甲酸己二酯膜上，然后将聚四氟乙烯膜伸展在该涂层上，使之渗透并干燥，随后施涂第二涂层，干燥冷却后从聚萘二甲酸己二酯膜上取下固体聚合物电解质膜的技术方案。该技术方案得到的聚合物电解质膜的氟化物释放速率较低，寿命较长。2007 年，戈尔提交了公开号为 WO2009078916A1 的专利申请。其具体技术方案为：将含铈的过氧化物分解催化剂、全氟磺酸树脂、溶剂等混合制成油墨，将该溶液稀释后涂布于聚萘二甲酸己二酯膜上，然后将聚四氟乙烯膜伸展在该涂层上，使之渗透并干燥，随后施涂第二涂层，干燥冷却后从聚萘二甲酸己二酯膜上取下固体聚合物电解质膜。通过该方法得到的膜的氟化物释放速率较低，寿命较长。2009 年，戈尔就包含自由基清除剂的全氟磺酸电池膜提出了专利申请，其公开号为 WO2010044436A1，采用的技术方案为：将聚四氟乙烯浸渍在含有自由基清除剂的全氟磺酸树脂溶液中，然后干燥除去溶剂得到电池膜。通过该方法得到的电池膜耐久性有显著的提高。

2）制备多层复合膜。2006 年，戈尔提交了公开号为 WO2007119398A1 的专利申请，其具体方案为：首先制得 EW＝920g/eq 的全氟磺酸树脂 A，以及 EW＝800g/eq 的全氟磺酸树脂 B，将树脂 A 涂布成膜，树脂 B 含浸于多孔聚四氟乙烯中，最后形成多层复合膜，即 A 膜/含浸膜/A 膜/含浸膜/A 膜。通过该方法得到的复合膜可以更高水平同时获得低加湿条件、高输出运转时的输出性能和耐久性。

2.4 技术创新专利风险规避的分析法

在日益激烈的市场竞争中，随着专利得到越来越多的重视，专利申请数量逐年增加，可以预见专利侵权纠纷会呈现急速增长的态势。专利规避设计作为应对专利侵权风险的主要应对措施之一，必然也将引起越来越多的注意。专利规避设计是企业为了避开其他竞争对手的专利权利要求的阻碍或者袭击而新设计绕道发展的过程，简单而言，"专利规避设计"就是通过设计一种不同于受专利保护的新方案，来规避该项专利权。通过专利规避设计重新对技术方案的改进可实现与现有专利的保护范围不同的新技术，绕开专利壁垒，避免侵权风险。

专利规避设计既是专利技术挖掘的重要手段之一，也是在专利侵权诉讼或预防专利侵权事件中极为重要的应对手段。在现实中，专利规避设计的目的和出发点并不重要，重要的是能够找到一条可以成功绕过风险专利的行之有效的规避方案，从而通过在现有技术上的改进或创新实现有效规避掉所面对的或者正在遭遇的专利侵权风险。

专利规避设计通常有两类应用场景：其一，应用于需要对新技术进行开发，进而进行专利挖掘和布局的情形，此类情况下，规避针对的对象为现有技术公开的所有内容，即在现有技术所记载的基础上进行进一步的创新和设计，从而使新技术专利较现有技术表现出差异化，乃至技术含量的提升；其二，为了避免侵害当前仍然有效或可能被授予专利权的某一专利的权利要求的保护范围，而作出的创新设计或者技术改造。

为了避免产品侵权风险而进行的专利规避设计显然属于后者。也就是企业在产品开发设计过程中面对专利壁垒时，找出其保护地域、保护内容等方面的漏洞，平移或者改造相关的技术方案，实现不侵权的技术"借用"。专利规避设计是面对专利侵权指控时为自己进行不侵权争辩的重要理由，例如在三星与苹果之间的"世纪专利大战"中，三星就因为其部分成果采用规避设计，从而躲过了被控侵犯专利权的指控。此外，即使专利规避设计的争辩理由不被法院认可，"努力进行了规避设计"也能够帮助降低被控侵权人被指控恶意侵权的可能性。

另外，从某个角度而言，专利规避设计本身也是一种创新过程，只是该过程为如何与一种已经被专利保护的技术方案差异化的中心而开展，并且将差异化做到足够"显著"和"实质"，以逃避掉专利侵权诉讼中的"等同侵权原则"的指控。

2.4.1 技术创新专利风险规避的分析法

一般而言，针对专利侵权而进行的规避设计的基本步骤如下。

(1) 核查需要规避的专利

根据上述侵权比对分析的结果，找到需要规避的专利。如果经比对分析，确认自己公司在后开发的产品或者技术侵犯了风险专利的专利权，且该专利技术对于新产品的开发而言难以弃用，则将其列为需要规避的专利。对该专利的基本信息进行核查，核查的内容包括：需要规避专利的法律状态（包括缴费状态）、该专利同族的法律状态、无效及诉讼情况以及该专利的地域布局情况。

(2) 分析需规避专利权利要求的保护范围

在核查了需要规避的专利的基础上，针对规避设计的需要，重点分析该专利的权利要求。此次分析重点关注申请人在审查过程中对权利要求保护范围的解释和澄清，并对比权利要求和说明书，核实说明书公开的内容是否都在权利要求中得到反映。同时核实权利要求中哪些为必要技术特征、非必要技术特征，以及公知技术，理清技术特征与技术效果的对应关系。根据所有技术特征及其等同特征重新划定独立权利要求的保护范围。

此外，关注说明书中记载的内容及该专利审查过程中的文件或证据，了解专利中是否存在可以适用于"禁止反悔原则"及"捐献原则"的内容。

(3) 制定规避设计策略

具体规避设计策略的考虑及规避设计方法的选择是专利规避设计的关键所在，将在下一节进行详细阐述。

(4) 在可能的情况下对规避设计的改进后的技术方案进行专利申请和布局。

2.4.2 专利规避策略及手段

专利规避策略简而言之就是对上述侵权判定的原则的一个反向思考及应用的过程，具体分析如下：

针对"禁止反悔原则"，由于禁止反悔原则禁止专利权人将其在申请过程放弃保护的内容纳入权利要求的保护范围之中，则该部分的技术方案的使用时不构成侵犯专利权，可以作为专利规避的一种方式。针对"捐献原则"，由于认为专利权人将说明书中公开而未在权利要求书中要求的内容视为贡献了公众，如果说明书及说明书附图中记载的技术方案中存在未体现在权利要求书中的情形，则公众使用该方案并不构成侵犯专利权，从而形成了有效的专利规避。如果想有效运用该两个原则进行专利规避设计，需要在再次分析权利要求的过程中，特别关注审查过程的相关文件和证据以及说明书公开的内容。另外，在使用禁止反悔原则的时候，需要核实确认专利权人没有就其之前放弃的内容重新申请专利。

上述两种原则的适用具有一定的限制，即在风险专利存在适用于禁止反悔和捐献原则的情形下，才能适用所述两个原则进行专利规避设计；在风险专利不存在所述情形下，则无法适用。

比较通用的专利规避原则是利用全面覆盖原则和等同原则。例如，如果一项权利要求中的一个要素及其功能在被控产品中没有出现，则该产品不构成对该专利的侵权。

换言之，减少权利要求中的必要技术特征，使某个必要技术特征未出现了产品中，或者将必要技术特征进行替换，在替换过程中，需要考虑该替换必须不是"等同"替换。

在利用全面覆盖原则和等同原则寻求专利规避设计方案时，可以采用的手段可以概括为裁剪法、替换法、组合法及分解法。所谓剪裁法，即剪裁一个或以上技术特征，将其功能转移到系统其他组件上，以避免全面覆盖原则。所谓替换法，即替换一个或以上技术特征，以避免全面覆盖原则和等同原则，该替换应不属于"等同"替代。组合法即以另一个或另一组技术特征同时组合替换系统中的多个技术特征，避免全面覆盖原则和等同原则。分解法即将系统的一个或多个技术特征进行拆分，以分解后的多个技术特征替代拆分前的特征。在具体使用过程中，根据具体情况的不同，可以灵活运用上述方法，必要时组合使用。

在具体的规避设计过程中，可以先分析目标专利的结构和/或组成与效果和/或功能之间的关联，建立专利功效矩阵，寻找可以删除或替换的结构和/或组成，并根据其对应的效果和/或功能确定对应的技术问题，并根据 TRIZ 理论的问题解决原理，寻找解决新问题的方式。在实际操作过程中，可以先对权利要求的技术特征进行分解，然后从结构组成、功能效果、作用原理三个方面进行分析。

成功的专利规避设计至少应该满足如下两个要求：第一，在法律层面上，即产品没有落入其他专利权的保护范围中，在专利侵权判定中不会被判定为侵权；第二，就经济成本考虑，为了规避专利壁垒所付出的代价不应太高，以致使商品失去商业上的竞争力或者无法满足盈利的需求。没有满足以上任何一方面的要求都不能算作是成功的专利规避设计。

专利规避设计在思路和方法上还应当考虑技术领域的差异。例如，机械领域的专利规避设计通常可以借鉴 TRIZ 理论中的问题解决原理，而对于医药、化学和计算机软件等领域，则需要充分考虑所述领域权利要求撰写方式、技术特征关联性、特殊的功能和效果层面，从而采用不同的专利规避设计思路。此外，针对产品市场的地域差异，针对不同地域的专利法的差异，特别是不同地域专利侵权判定标准的差别，适当调整规避设计的思路和操作。

2.5 小　结

（1）专利分析在技术创新中的应用包括：技术领域的创新趋势分析、研发热点分析、发展脉络分析和技术创新专利风险规避的分析。

（2）对于创新趋势分析，目前主要是分析申请量趋势，有时会分析授权量和有效量的情况。但其实可以采用更多元化的指标来分析，从多个维度来证明观点，这些多元化的指标比如高价值专利、多边申请、相对技术优势指数等。

（3）对于技术分析，要想进行深入技术分析，需要对技术进行多方面、多维度的拆分，比如以产业链或技术链来拆分、以产品代际拆分、以技术原理拆分等。

（4）除了分析专利信息之外，市场和商业信息也是不容忽视的，需要与专利分析结合起来分析。这些市场信息指标例如进出口贸易量、外商直接投资等。

（5）技术创新专利规避设计既是专利技术挖掘的重要手段之一，也是在专利侵权诉讼或预防专利侵权事件中极为重要的应对手段。专利规避设计本身也是一种创新过程，只是该过程围绕如何与一种已经被专利保护的技术方案差异化的中心而开展，并且要将差异化做到足够"显著"和"实质"。

第 3 章　获得产业市场竞争形势的专利分析法

3.1　获得竞争市场的专利分析法

随着市场经济的不断深入发展,对于市场行情的快速判断显得尤为重要。而一个市场是否值得进入或者加大投入,不能仅仅从这个市场竞争是不是已经十分激烈这个表层现象来看。随着行业的高度细化以及产业链的不断延伸,如何获得有利的竞争市场需要借助更多的要素来帮助确定,而专利分析从技术领域的广度、技术问题的解决程度和专利布局的维度能够评估竞争市场的重要性,帮助市场主体进行客观判断。

本节所要探索的获得竞争市场主要从两个方面考虑:区域市场和技术市场。此外,还需要考虑国家对一些关乎国民经济命脉或者是对外战略方面的政策导向。

3.1.1　区域市场的获得

由于专利权具有地域性,只有在被授予专利权的规定地域具有效力,因此企业在考虑专利申请时会考虑申请目标区域。这取决于在该区域的市场前景、专利保护政策和保护力度等,因此对于不同的目标市场进行专利分析和横向比较,能够客观评价区域市场的可行性。

【案例 3-1】通过高性能子午线轮胎专利流向判断区域市场的活跃度[1]

轮胎胶料的发明专利申请量总体来说比较可观。从全球专利申请的数据看,轮胎胶料的发明专利申请主要集中在日本、美国、法国、德国和韩国等几个国家。无独有偶的是,这些国家拥有至少 1 家世界知名的轮胎企业,这些知名轮胎企业几乎占据了高端轮胎销售市场的绝大部分份额,可以说世界上轮胎胶料的关键技术也基本掌握在这些国家手中。

如图 3-1 所示,日本申请人在轮胎胶料领域内的发明申请量最为庞大,技术革新也最为活跃。截至数据下载日,日本申请人在全球的申请总量已高达 12944 件,其中绝大部分在日本本土申请专利保护;除了在本国申请以外,日本申请人很重视在全球的专利布局,在美国和欧洲的申请量均超过 1000 件。由于中国市场巨大的消费力,日本申请人颇为重视中国市场,近年来在中国的申请量也达到了 700 多件,并且还呈现出上升趋势。尽管美国申请人申请总量要远低于日本申请人,但是从专利布局看来其更重视全球的均衡布局,除了本土的专利申请,在日本和欧洲的申请量均超过 1000

---

[1] 杨铁军.产业专利分析报告(第 42 册):高性能子午线轮胎[M].北京:知识产权出版社,2016.

件，与其国内申请的数量相差不明显。拥有著名品牌米其林的法国申请人，申请总量与日本、美国相差甚远，但是其专利布局呈现出极其均衡的现象，在主要的竞争国和消费国均进行了全面的布局。韩国申请人起步晚于日本、美国、法国等传统技术强国，申请总量不高，但近年来发展势头不容小觑。从市场情况看，韩国申请人取得了一定的市场份额；在专利布局上，与传统强国相比，韩国申请人尚处于起步阶段。中国申请人从申请的总量看，远低于日本、美国、法国等传统强国，并且在专利布局上，除了在中国本土的申请外，仅有10件发明专利申请进入美国，在日本、欧洲、德国和韩国仅有不超过10件的专利申请，可以说几乎没有明显的专利布局。

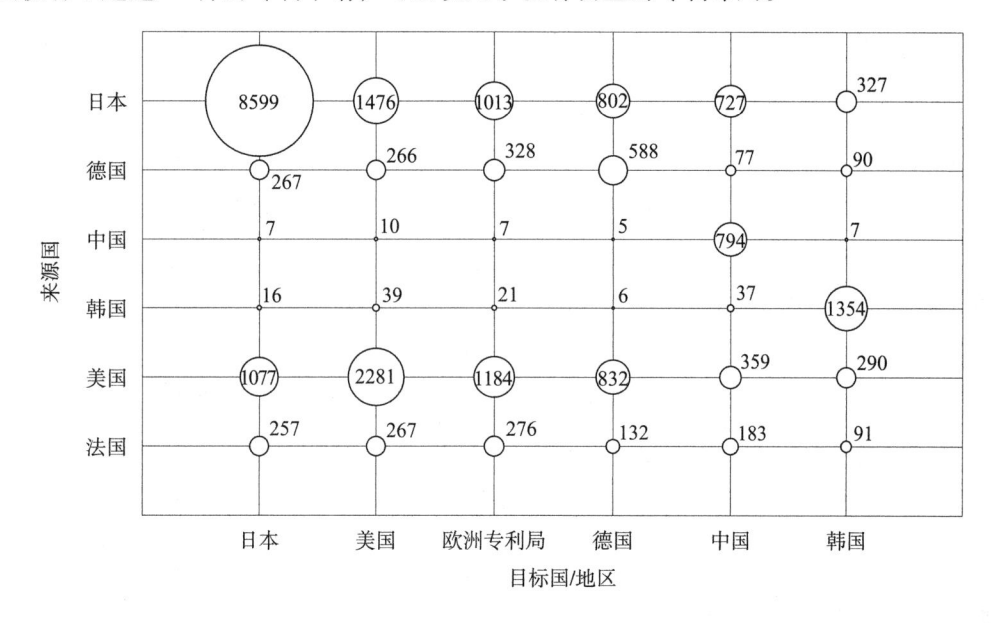

图 3-1　全球各主要申请国或地区的轮胎胶料发明专利申请布局图

注：图中数字表示申请量，单位为项。

与传统强国相比，不管是发明专利的申请量还是合理布局，国内申请人都存在巨大的差距。国内轮胎行业在提高轮胎性能的技术革新上面临的困难和挑战相当艰巨。

一般而言，专利布局的数量与其在该区域的市场份额相匹配，甚至专利的提前布局是为打开目标区域市场进行准备，因此各目标市场国的申请布局情况客观上反映出技术输出国对于特定目标市场的重视程度。案例3-1透过各主要来源国专利申请的绝对数量探寻在各主要目标市场的专利布局数量，可以看到通过横向比较不同的申请来源国对目标市场的关注程度能够分析出各国不同的申请保护策略，从我国"走出去"的角度，有利于创业考察相对有利的区域竞争市场。

【案例 3-2】通过高性能子午线轮胎重要申请人的专利布局态势分析区域市场[1]

从图 3-2 可以看出，米其林在各个国家和知识产权组织布局的胎面花纹专利最均衡。中国、美国、日本、欧盟、法国、俄罗斯都是重要的市场，其在韩国和英国的布局不多，特别是其并没有在 WIPO 申请轮胎胎面花纹外观设计专利。因为米其林在各个重要的国家都已经有大量布局，并且考虑到还有很多国家没有加入《工业品外观设计国际注册海牙协定》（以下简称《海牙协定》），不需在 WIPO 申请再进入各个国家申请。

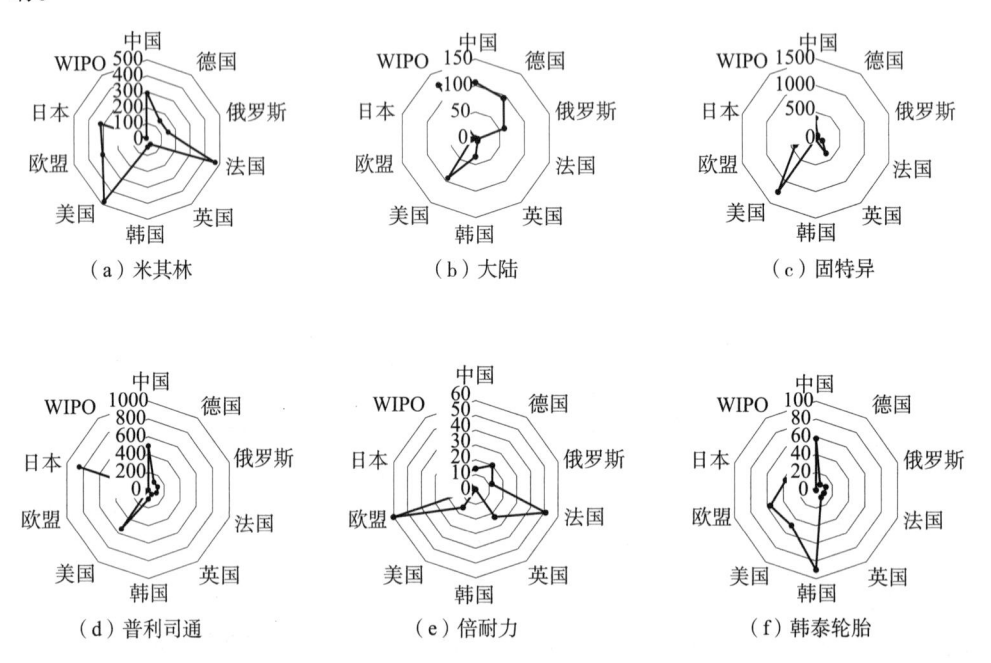

图 3-2 胎面花纹领域世界各公司在全球布局情况

注：图中数字表示申请量，单位为项。

大陆集团的申请策略与米其林公司不同。这家公司在 WIPO 的申请量比较大，在中国、美国、俄罗斯也有大量布局，在上述国家今后的产品将会更加丰富。而在日本和欧盟并没有胎面花纹的申请，可以看出，大陆集团对日本市场并不看好，反倒是对韩国市场兴趣更为浓厚，另外在欧盟范围内有其本国德国的布局就可以支撑欧洲市场，不需要在欧洲内部市场协调局再递交申请。

固特异的全球胎面花纹布局策略与米其林、大陆集团又有所区别，其在美国、WIPO 和欧盟有大量申请，在中国也有部分申请，在日本则几乎没有胎面花纹专利的布局。由于中国暂时还没加入《海牙协定》，美国也刚刚加入《海牙协定》，由此可见固特异非常重视中国市场，为了中国市场单独在中国进行布局，而对其他国家则以在

---

[1] 杨铁军. 产业专利分析报告（第 42 册）：高性能子午线轮胎 [M]. 北京：知识产权出版社，2016.

WIPO和欧盟申请的方式进行保护。

从普利司通世界范围内的布局图可以看出，其布局策略仅限于美国、中国和日本。该公司在WIPO和欧盟的申请非常少，可能由于其战略重点在世界经济"三强"的市场，专心攻占这三个市场的市场份额。在中国，普利司通借助大量胎面花纹布局对其竞争对手展开了强有力的专利诉讼，所以像普利司通这种专攻其主要市场的胎面花纹外观设计申请策略值得我们学习。

倍耐力是一家老牌的轮胎企业公司。从全球胎面花纹分布图可以看出，倍耐力的胎面花纹专利主要分布在欧盟范围内，在美国、中国、俄罗斯这些非欧盟国家有少量申请。因此倍耐力公司的势力范围还是在欧洲，中国企业进入欧洲的时候应当注意其胎面花纹的专利。

韩泰轮胎是韩国最大的轮胎公司。从胎面花纹专利分布图上可以看出，其布局的市场主要是在韩国、中国、欧盟，其次是日本和美国。韩泰轮胎在中国乘用车轮胎市场上占据第一的位置，可见其中国专利对中国企业来说应当引起足够重视。

从图3-3可以看出，玲珑公司在全球的分布十分单一，只有在欧盟有胎面花纹专利布局，在其他国家和地区都没有布局。

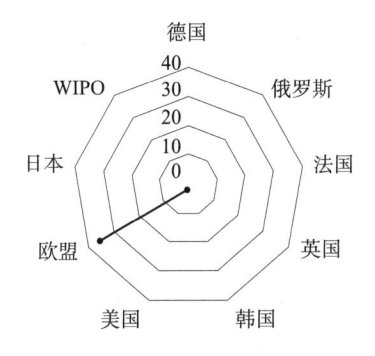

图3-3　胎面花纹领域玲珑公司在全球布局情况

注：图中数字表示申请量，单位为项。

玲珑公司实施"走出去"发展战略，积极探求全球化经营模式。玲珑公司产品在180多个国家和地区销售，海外市场遍及欧洲、中东、美洲、非洲、亚太等各大区域。其已着手搭建海外生产基地的大网络格局，其成为印度TATA、雷兰德汽车的供应商，通过两家世界前六大汽车厂全球供应厂商的供应商资格评审。玲珑公司选择泰国作为全球化战略起点，最终建成3个制造业基地，以此形成产业发展新格局。

随着玲珑公司"走出去"的战略实施，特别是产品要进入其他海外市场，比如除欧洲外的亚太等市场，需要及时布局专利，防止产品在进入这些市场的时候受到其他公司的专利攻击。

三角公司在全球布局情况如图3-4所示，可以看出，三角公司的海外布局仅限于美国和欧盟，而且布局的数量也不是很多，在日本、俄罗斯、WIPO等国家或知识产权组织都没有布局。

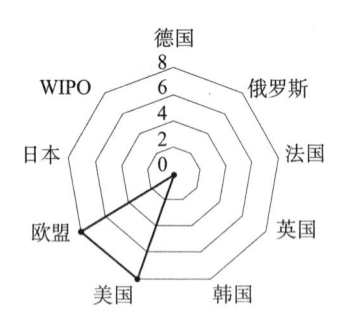

图3-4 胎面花纹领域三角公司在全球布局情况

注：图中数字表示申请量，单位为项。

三角公司在世界经济的舞台上与全球品牌共舞，并通过品牌竞争力为全球消费者提供绿色、安全的轮胎产品。目前，三角轮胎的国际市场比重达到60%，先后与固特异、卡特彼勒、沃尔沃、特雷克斯、利渤海尔、通用、大宇、斗山等跨国公司建立起长期合作伙伴关系，在替换胎市场上，其产品供给全球170多个国家和地区。

由于目前三角轮胎在世界市场上先后与很多知名企业建立起合作，而且产品在国际市场上的比重越来越高，但是专利布局却很少，仅有的几件专利不足以维持其今后的产品在世界市场上的营销，因此三角公司要在其他国家和地区针对胎面花纹外观设计专利从数量上和范围上抓紧有限的时间进行布局。

如图3-5所示，永泰公司在海外的布局范围虽然比其他两家中国公司多，在欧盟、美国、日本都有布局，但是在数量上还非常少，而且在其他国家和地区也没有布局。

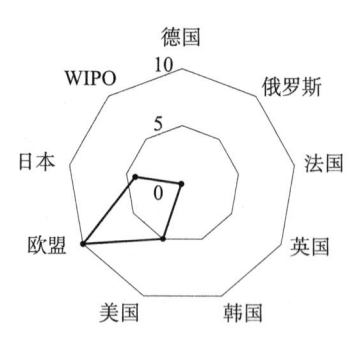

图3-5 胎面花纹领域永泰公司在全球布局情况

注：图中数字表示申请量，单位为项。

永泰公司在欧盟、美国、日本的胎面花纹外观设计专利布局数量非常少。虽然有专利布局比没布局情况要好，但是数量少的布局，对其专利产品的保护是非常薄弱的。

因此永泰公司应当重新制定全球胎面花纹专利布局策略，特别是对重点产品的重点专利，例如"盾轮"系列子午线轮胎，应当及早布局。

案例3-2 从国内外重要申请人的角度，结合其轮胎产品和专利的对外布局探讨各自的重要市场，通过雷达图的形式显示出每个申请人对于不同区域市场的重视程度。对国内三家企业进行分析时，考虑其现有的市场现状、专利布局方向和市场突破方向，充分考虑竞争对手在不同市场上的技术优势、产品优势和专利布局优势，从而寻求技术布局突破口和市场布局突破口。

【案例3-3】高性能膜材料领域旭化成在主要国家专利布局随时间的变化趋势[1]

图3-6表示了高性能膜材料领域旭化成全球主要专利申请目标国家和地区。通过分析旭化成申请专利保护的主要目标国家和地区，可以了解其市场布局、发展策略及其变化趋势。

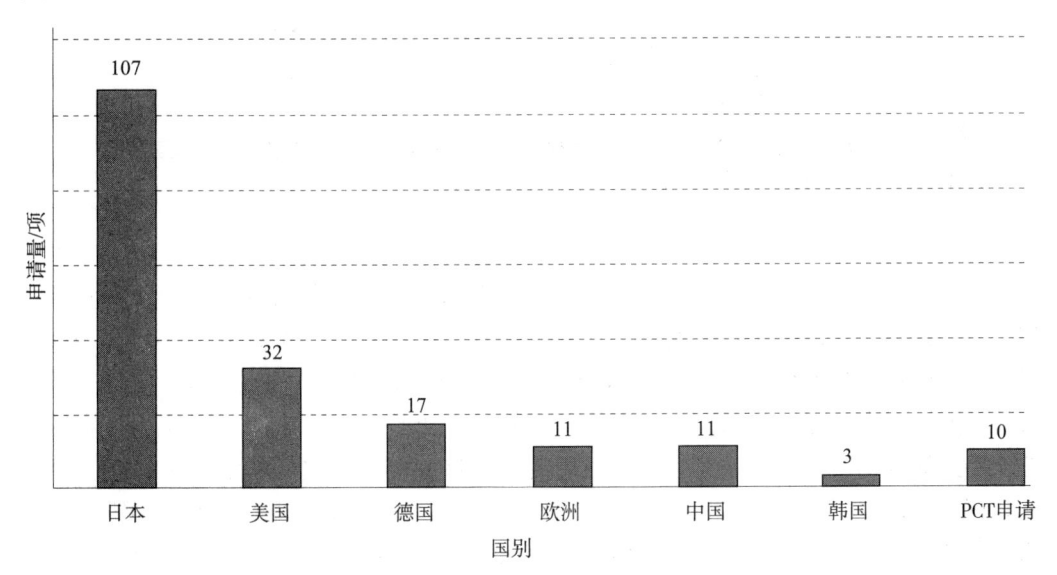

图3-6 高性能膜材料领域旭化成全球主要专利申请目标国家和地区

图3-7显示了旭化成在氯碱用离子交换膜领域申请量前六位的国家或地区比例变化情况，从专利角度反映出旭化成市场策略的变化。

（1）日本市场

旭硝子作为日本企业，在日本本土提交的专利申请最多，这表明其在氯碱用离子交换膜领域的市场策略多年来一直以日本本土市场为主。旭化成在日本的申请量比例维持在50%左右。但随着时间的推移，旭化成申请量相对占比却呈现逐渐下降趋势，从72%下降到了46%，降低了20多个百分点，可见随着经济全球化的脚步，旭化成开始逐渐关注国际市场。

---

[1] 杨铁军. 产业专利分析报告（第37册）：高性能膜材料［M］. 北京：知识产权出版社，2015.

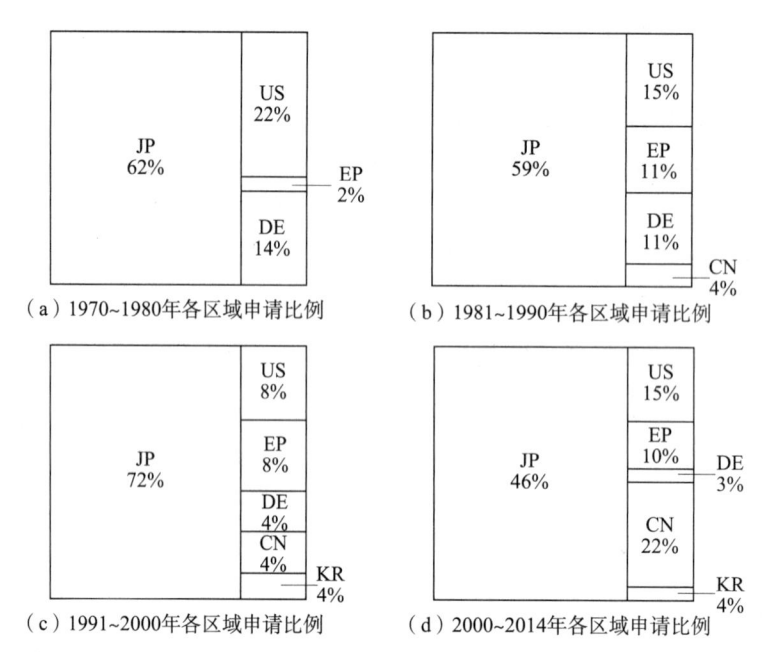

(a) 1970~1980年各区域申请比例
JP 62%　US 22%　EP 2%　DE 14%

(b) 1981~1990年各区域申请比例
JP 59%　US 15%　EP 11%　DE 11%　CN 4%

(c) 1991~2000年各区域申请比例
JP 72%　US 8%　EP 8%　DE 4%　CN 4%　KR 4%

(d) 2000~2014年各区域申请比例
JP 46%　US 15%　EP 10%　DE 3%　CN 22%　KR 4%

图 3-7　旭化成在各国家和地区氯碱用离子交换膜专利申请比例的变化趋势

注：JP：日本；US：美国；EP：欧洲；DE：德国；CN：中国；KR：韩国

(2) 美国市场

从图 3-7 还可以看出，除了日本之外，旭化成在美国提交的专利申请量占据第二位，特别是近年来，旭化成在美国提交的专利申请量的比例仍维持在 10% 左右。由此可见，美国市场是旭化成除了日本本土市场外专利布局最为看重的市场。究其原因，可能主要有以下几点：首先，作为世界上最发达的国家之一，美国对于基础的氯碱工业产品有极大的需求，进而其对于氯碱用离子交换膜的需求也是非常巨大的，这使得旭化成特别注重美国市场；其次，美国同样有很多企业在从事离子交换膜的研究，如陶氏化学、杜邦等，特别是杜邦，其是旭化成在氯碱用离子交换膜领域中的最为强劲的竞争对手。杜邦于 1966 年生产出了全球第一款全氟磺酸类离子交换膜 Nafion 系列，之后在全球的氯碱工业中得到了广泛的应用，在氯碱用离子交换膜领域与旭化成形成了强有力的竞争。这给旭化成开发美国市场造成较大的压力，旭化成希望通过专利布局，增加其在美国的企业竞争力，为在美国市场长期保持领先地位提供有力的技术和法律支持。

(3) 欧洲市场

旭化成在欧洲市场的布局较早。早在 20 世纪 70 年代，旭化成就已经在英国、法国、德国等欧洲国家进行了相当数量的专利申请，虽然均少于其在日本和美国的申请量，但仍显示出欧洲地区也是其在氯碱用离子交换膜领域中较为重要的目标市场之一。此外，与早期单独在欧洲各国进行市场布局相比，随着《专利合作条约》的建立，旭化成逐渐将欧洲作为一个整体加以考虑。

(4) 中国市场

中国作为近年来快速发展的发展中国家，对于氯碱工业产品的需求巨大，国内烧碱产能保持持续快速增长。根据中国氯碱工业协会统计数据显示，自 2008 年开始，氯碱产能基本保持年均 10% 的增速，截至 2013 年底，国内烧碱产能已经达到了 3850 万吨/年，聚氯乙烯装置能力达到 2476 万吨/年，占到全球氯碱装置能力的 40% 以上，产能是美国的 3 倍，中国已经成为氯碱工业当之无愧的全球氯碱第一生产大国。然而旭化成在中国的申请相对较少，如图 3-8 所示。究其原因主要有以下几个方面。

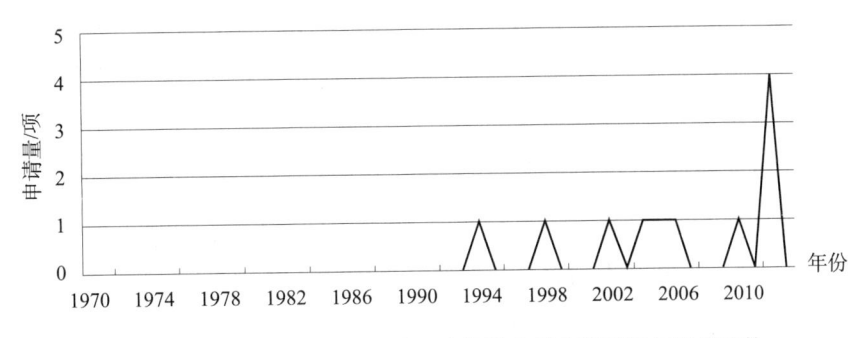

图 3-8　旭化成中国氯碱用离子交换膜专利申请量逐年变化趋势

首先，旭化成的氯碱用离子交换膜技术在 20 世纪 70~80 年代发展非常迅速，涌现出了大量的专利申请，然而此时中国尚未建立有效的专利制度，因此这个时期旭化成的专利申请无法进入中国。而到了旭化成离子交换膜产品大量涌现的 20 世纪 90 年代，新中国的氯碱工业发展还较为缓慢，氯碱产量较少，市场并不大，因此也没有相关专利进入中国市场。

其次，与国际先进水平相比，中国国内的离子交换膜由于技术水平、研发成本等因素的制约，发展较为缓慢。直到 2009 年山东东岳集团才开发出了 DF988 高性能全氟磺酸全氟羧酸复合离子交换膜，而且其性能与旭硝子、旭化成、杜邦的离子交换膜还存在差异。国内氯碱企业普遍存在规模小，缺乏核心技术竞争力，以及技术已被旭硝子、旭化成、杜邦等大公司的专利覆盖问题。中国企业在技术和专利竞争力上存在显著的差距，技术壁垒难以打破，因此，旭化成在中国专利布局的数量上并不多。

然而，我国的氯碱工业处于一个上升发展的阶段。氯碱用离子交换膜的产量不断提升，市场前景广阔，出于对中国这个广阔的市场的渴望，旭化成逐渐加强中国的相关专利布局，并积极同中国企业合作。2011 年 10 月 24 日，蓝星（北京）化工机械有限公司与日本旭化成正式成立合资公司，共同开拓中国以及海外的离子交换膜电解装置市场。特别是，山东东岳集团也在积极研发国产化离子交换膜，这给国外的一些大公司一定的压力。因此，在今后可预见的快速发展时期，旭化成会加大在中国的专利申请布局，并积极同中国企业合作，开展更广阔的业务。

案例 3-3 首先通过柱状图形象地反映了旭化成在全球主要区域的专利布局情况，接着通过占比图的变化引入了时间的维度，动态地反映了区域市场布局随时间的变迁，对于竞争市场的动态调整能够给出客观的评价。这时尤其要关注其在中国市场的变化趋势，以及布局减弱的区域市场，通过分析背后的原因帮助确定有力的竞争市场。

3.1.2 技术市场的获得

(1) 技术集中度

技术集中度是决定市场结构最基本、最重要的因素，集中体现了市场的竞争和垄断程度。成熟行业的行业集中度可以反映公司控制市场的效率。成熟行业的标志是行业的供给能力过剩，产品的利润率呈下降趋势，行业内竞争激烈，只有那些具备规模经济效应的企业能够生存。由于使用相对成熟的技术，成本控制在企业竞争中具有决定意义，因此中小企业往往竞争不过大企业，这种状况导致行业的市场和产量进一步向大企业集中，从而使行业集中度进一步提高。因此，对于技术市场的确定，可以考察在特定领域下专利分析所反映出的市场集中度情况如何。

【案例3-4】通过高性能子午线轮胎技术集中度判断技术市场的准入门槛❶

图3-9是在带束层胶料中黏结剂各技术分支上，全球专利申请量排名前五位的申请人的申请总量占全球专利申请总量的比例，这体现的是全球的技术集中度情况。

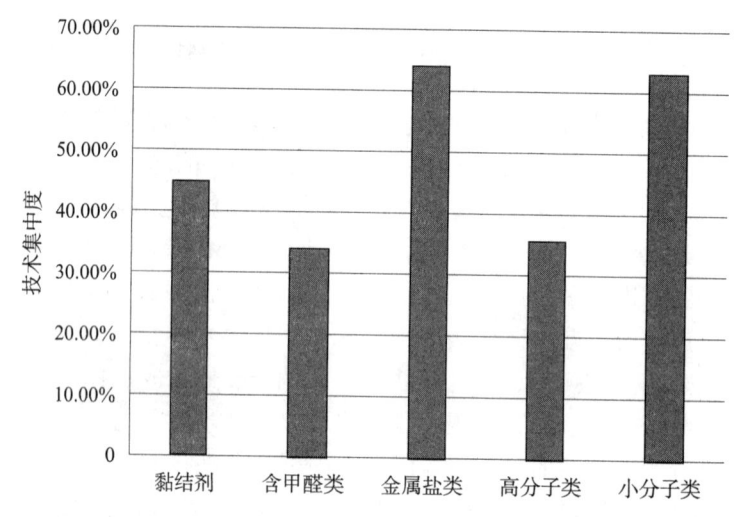

图3-9 带束层胶料中的黏结剂及其各技术分支的全球专利申请集中度情况

从图3-9中可以看出，改进含甲醛类黏结剂的技术集中度是最低的，仅34.1%，说明改进含甲醛类黏结剂的专利申请是分散在全球各个大大小小的公司手中，而不是垄断在业内的巨头公司手上，这和上述研究的业内巨头的研发重点互相印证。

改进不含甲醛的高分子类黏结剂的专利申请的技术集中度是次低的，为35.71%，这主要是因为创新难度较大，大公司尚未在该研发方向上筑成较高的技术壁垒。虽然对不含甲醛的高分子类黏结剂的研发已逐渐成为行业研发热点，但是这种新型的既环保黏结性能又强的黏结剂的研发难度不小，从之前研究也可以看出，即使是普利司通

---

❶ 杨铁军. 产业专利分析报告（第42册）：高性能子午线轮胎[M]. 北京：知识产权出版社，2016.

这样的业内巨头也未掌握有非常有价值的核心专利。

案例3-4对带束层胶料中黏结剂的各技术分支进行了技术集中度的横向比较,能够看出不同的分支技术集中度差异很大,也反映了市场准入门槛的不同,结合对技术的研究即可判断符合目前企业定位的潜在技术市场。

同样,该研究也可以纳入时间的维度、研究技术集中度的演变趋势,进而判断合适的进入市场的时机。

【案例3-5】通过高性能子午线轮胎技术集中度的时间变化趋势判断技术市场的准入时机[1]

为了进一步了解全球子午线轮胎带束层材料领域专利申请的发展状态,还对专利集中度进行了研究,绘制了专利集中度趋势图(参见图3-10)。

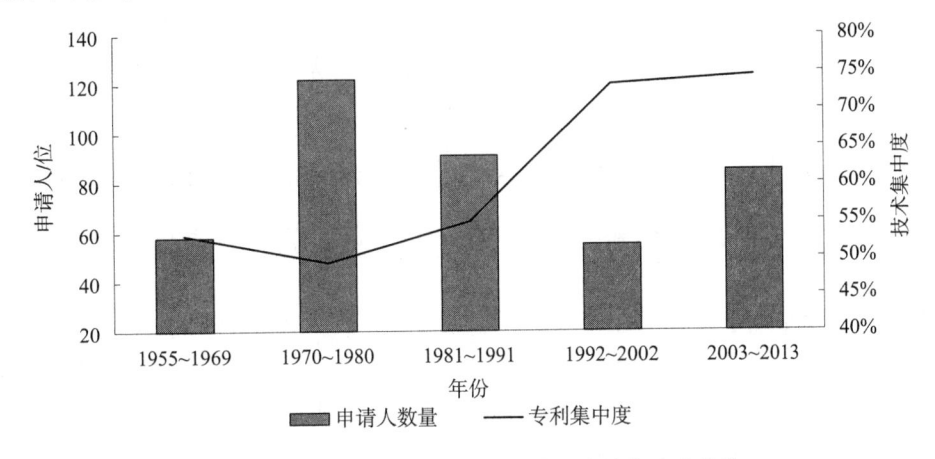

图3-10 带束层材料领域全球专利申请集中度趋势

在全球子午线带束层材料领域,1583件专利申请分布在300多位申请人手中。从图3-10中可以看出,带束层材料技术整体具有一定的难度,技术集中度较高。

在子午线轮胎这个新轮胎品种问世之前,轮胎技术已经有了较长时间的技术积累,因此,在萌芽期(1955~1969年)的后期,带束层材料领域的专利申请很快地集中到了邓禄普、杜邦、ICI、尤尼劳尔(Uninoyal)、帝人、费尔斯通等大公司的手上,申请量排名前十位的申请人的专利申请量占1955~1969年专利申请总量的53%。

1970~1980年是子午线轮胎繁荣发展的时期,带束层材料领域的专利申请量大幅提高,申请人数量增长迅速,专利集中度下降至49%。

1981~1991年的前期,带束层材料领域的技术基本成熟,专利申请量已经开始下降,技术实力不够的公司开始减少在该领域的专利申请;1981~1991年的后期,由于受全球经济震荡和衰退的影响,专利申请量大幅下降,申请人数量有所减少,但是日本主要申请人的申请量此时反而开始相对增加,以上多种因素使得1981~1991年的专

---

[1] 杨铁军. 产业专利分析报告(第42册):高性能子午线轮胎[M]. 北京:知识产权出版社,2016.

利集中度回升到约55%。

1992~2002年，虽然带束层材料领域已经进入了技术成熟期，但是随着米其林在1992年提出"绿色轮胎"概念，带束层材料领域也相应出现了与"绿色轮胎"相关的新研究热点，带束层材料领域因此迎来了二次发展期。与普通子午线轮胎相比，"绿色轮胎"的技术门槛更高，申请人数量大幅下降，专利集中度从原来的约55%迅速上升到73.38%。

2002年以后，轮胎新兴市场的申请人数量开始增加，尤其是韩国和中国的申请人数量快速增加，并且还出现了马来西亚、巴西、印度等国家的申请人，但是这些申请人的专利申请量还远少于日本主要申请人的专利申请量，因此，2002~2013年的专利集中度继续上升到74.5%。

（2）行业重点申请人的专利布局动向

在一个细分且技术集中度较高的领域里，通过研究行业重点申请人的专利布局动向，可以分析出在该领域里的布局热点和布局空白点，从而帮助确定技术市场的研究方向和研究重点。

【案例3-6】通过对高性能纤维领域重点和空白点分析确定技术市场布局方向[1]

对比芳砜纶领域我国申请和国外来华申请的专利布局情况（参见图3-11）可以看出：

我国申请在早期主要集中在芳砜纶的制备方法上，这说明我国申请人首先掌握了芳砜纶生产的技术，但是却在专利申请布局上没有对纤维产品本身申请保护。到了2008年，我国申请人开始逐渐在芳砜纶的中下游布局，申请了一系列涉及阻燃、防护、绝缘的产品。

国外来华申请在生产工艺上涉及较少，但其保护了芳砜纶产品本身，并且在芳砜纶的中下游进行了密集的专利布局，特别是在芳砜纶纱线领域，涉及芳砜纶与聚噁二唑纤维、改性聚丙烯腈纤维、阻燃短纤维、刚棒短纤维、高模量短纤维等混纺的短纤纱及其制品。

另外，虽然在芳砜纶的生产方法、纱线、织物、复合材料、纸材等领域，我国申请人和国外申请人均有专利申请布局，但是由于撰写上的差异，也导致两者在保护范围方面差异较大。

从上述专利技术布局和演进史中可以看到，我国企业虽已具有一定的法律意识，在2002年在成果初期即申请了相关专利，2007年也提交了PCT专利申请，但是这些申请均为工艺方法，只在产业链的上游进行了小范围的布局，而且专利保护范围较小，其保护力度难以应对国外大公司的围剿。

---

[1] 杨铁军. 产业专利分析报告（第14册）：高性能纤维 [M]. 北京：知识产权出版社，2013.

(a) 中国申请人布局情况

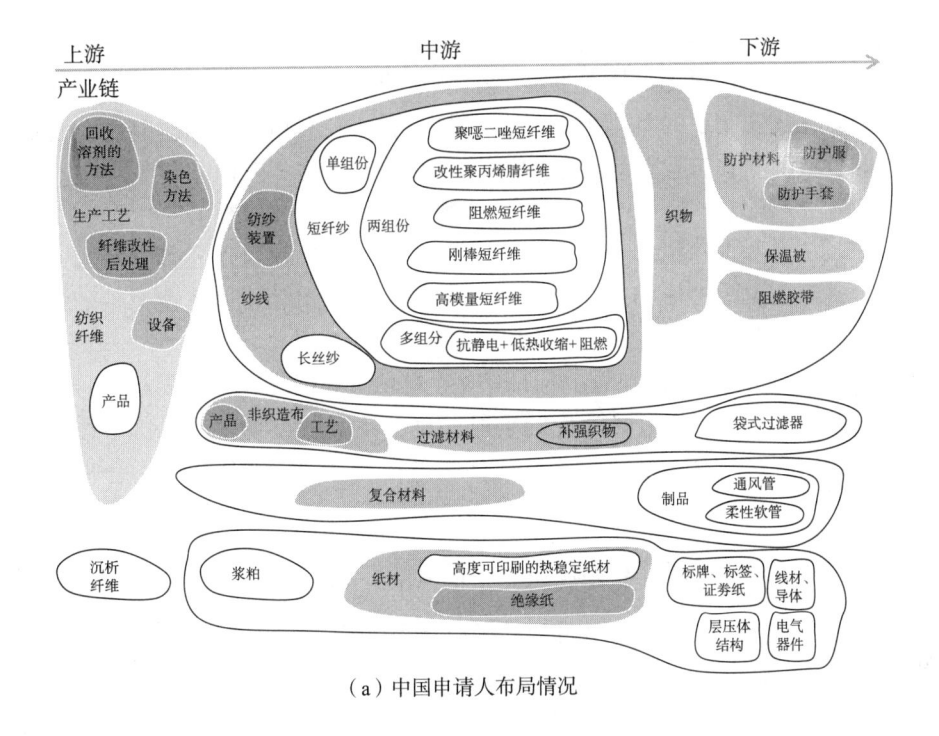

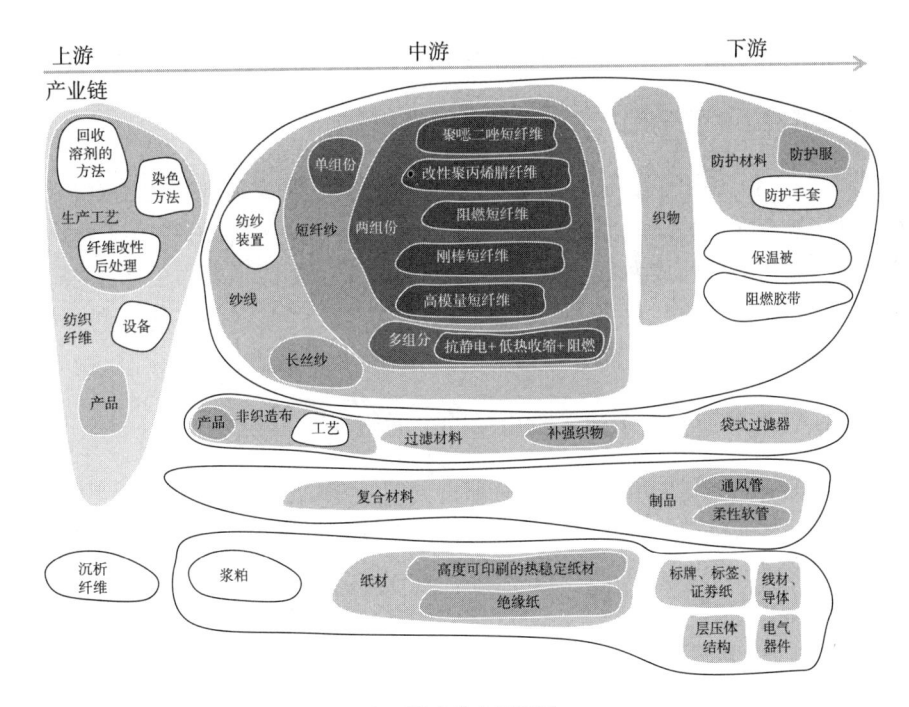

(b) 国外来华布局情况

图 3-11 芳砜纶领域中国市场国内外布局对比图

因此，国内企业应当在相关技术领域的研发立项之初，对国内外的专利以及相关文献进行充分的检索、消化，从而了解整个市场的情况。在确定项目之后，在充分了解世界各国专利法规制度的基础上，企业应及时提出专利申请，同时有意识地制定长远、有效的专利战略，进行有效的布局，以避免开发出的产品面临侵权风险、无法投入市场等问题。国内企业应提高专利申请的撰写水平，有效对核心技术和相关产品进行专利保护；注意各种专利战略的应用，学会规避他人专利与建立自身专利并用的专利战略布局；高度关注国外相关企业的专利动向，采取跟踪、追随和超越的专利布局策略，积极应对国外已经建立的专利布局。

案例3-6从中国企业的角度分析了国内外专利布局情况，全面了解了芳砜纶纤维在国内市场的专利布局，通过可视化的手段明确了不同的市场主体在这个技术市场的专利布局态势，哪些是双方争夺的热点，哪些是技术空白点有待布局，合理地给出对于该技术市场的布局建议。

【案例3-7】通过对高性能纤维领域重点申请人的专利布局动向制定市场跟进策略[1]

图3-12显示的是杜邦在美国申请的芳纶产品专利主题和时间布局。横轴代表专利申请的时间，纵轴代表专利申请权利要求保护的主题，颜色越深表示申请量越多。

在案例3-7中，芳纶产品目前技术集中度非常高，杜邦占有较多的市场份额，因此杜邦公司的研究代表了整个市场走向和专利布局走向的判断。随着时间的延续，可以看出技术市场的发展，预期未来的技术增长点，提前进行技术研发和专利布局。

3.1.3　政策导向下的竞争市场

"一带一路"作为中国首倡、高层推动的国家战略，对我国现代化建设和屹立于世界的领导地位具有深远的战略意义。"一带一路"战略构想契合沿线国家的共同需求，为沿线国家优势互补、开放发展开启了新的机遇之窗，是国际合作的新平台。在这样的政策导向下，我国企业存在更多的机遇和优惠政策，因此在已有的专利分析普及推广报告中，对涉及国家政策导向下的竞争市场有一定的研究。

【案例3-8】针对俄罗斯子午线轮胎市场的全面研究[2]

全球各大轮胎厂商近年来加大对俄罗斯等新兴市场的重视，尤其是2010年之后着力在俄罗斯进行专利布局。与此同时，各大厂商纷纷在俄罗斯投资建设工厂，大力开

---

[1] 杨铁军. 产业专利分析报告（第14册）：高性能纤维[M]. 北京：知识产权出版社，2013.
[2] 杨铁军. 产业专利分析报告（第42册）：高性能子午线轮胎[M]. 北京：知识产权出版社，2016.

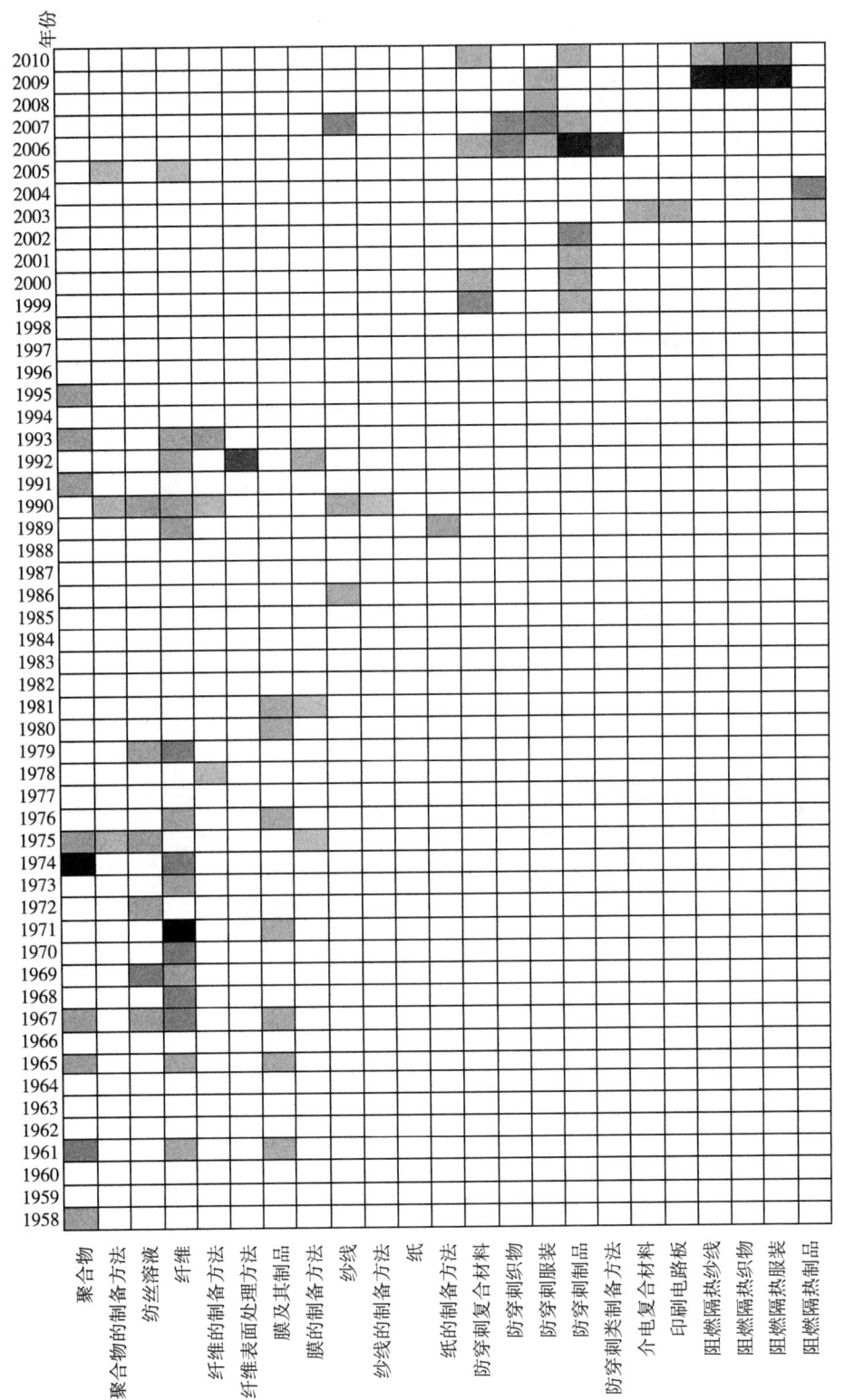

图 3-12 杜邦在美国市场保护的芳纶产品布局

拓俄罗斯市场。三巨头中米其林和普利司通在俄罗斯布局最广（参见图3-13），大陆集团、住友、横滨橡胶等处于第二阶梯，我国企业在俄罗斯专利布局还较少。各企业布局的花纹类型不尽相同，因此从布局的轮胎花纹可以看出各大企业在俄罗斯市场的战略。米其林以混合花纹和块状花纹为主，普利司通、住友更加注重在混合花纹上的布局，大陆集团不对称花纹明显多于其他，固特异、横滨橡胶较为平均，诺基亚的单导向花纹占比较大。

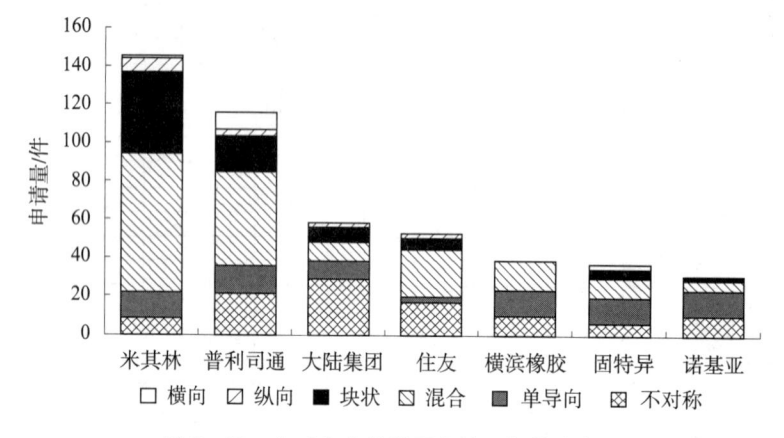

图3-13 全球各大轮胎厂在俄罗斯花纹布局

对轮胎花纹进行外观设计的俄罗斯本土企业共有39家，成规模布局的企业约10家，俄罗斯企业在申请数量上并没有体现出绝对优势，申请量据第一梯队的雅罗斯拉夫轮胎厂、莫斯科轮胎及鄂木斯克轮股份公司的申请量不及米其林、普利司通等知名企业在俄罗斯申请。绝大多数申请人的申请量仅为个位数。

俄罗斯本土企业对不同花纹的布局比较集中，主要针对混合花纹及块状花纹，有些企业申请了一部分的单导向花纹，对于不对称花纹基本没有涉足（参见图3-14）。

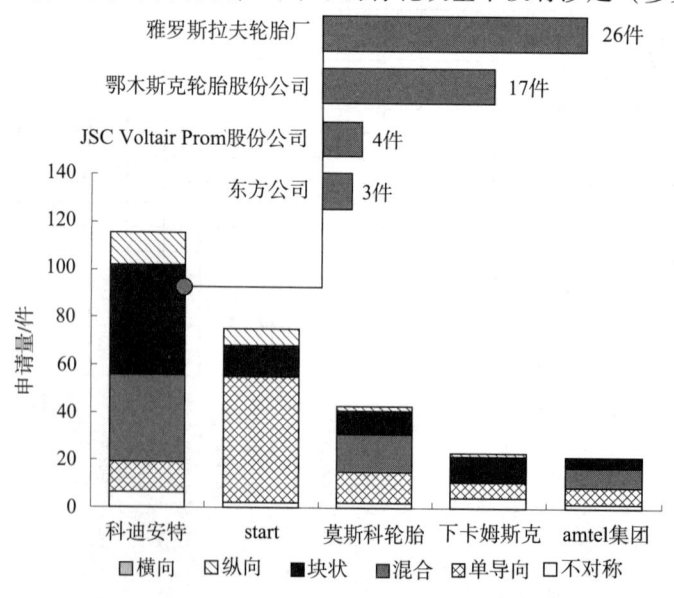

雅罗斯拉夫轮胎厂 26件
鄂木斯克轮胎股份公司 17件
JSC Voltair Prom股份公司 4件
东方公司 3件

图3-14 俄罗斯本土企业在俄罗斯的花纹布局

在中国企业"走出去"的战略选择中,"金砖五国"成为国内很多汽车及零部件企业的首选目标国家。在研发力量及产品质量方面中国轮胎企业不及世界实名企业,但与俄罗斯本土企业对比,在产品质量和研发技术上还存在一定优势,价格也稍高于俄罗斯企业生产的轮胎。中国企业进入俄罗斯市场,可以主要针对俄罗斯本土轮胎和世界知名企业轮胎的夹缝市场。最终,俄罗斯轮胎企业将面临严峻的挑战,若不及时提高产品质量,中国企业将以价廉物美的产品占据优势。

位于山东威海的三角轮胎将在俄罗斯建厂。新厂址将可能在俄罗斯的下诺夫哥罗德州。该地区的优势在于有利的地理位置,即毗邻莫斯科,并拥有一批高素质人员、传统的汽车生产历史和发达的科学教育基地。三角轮胎希望新工厂既生产轿车轮胎,也生产卡车轮胎。但是由于三角轮胎在俄罗斯消费者中的知名度还不是很高,质量目前还未达到很高标准,汽车制造商的需求量仍不是很高。因此,了解市场需求、调研市场动向为工厂提供信息,使工厂及时作出调整,做出更多更好、适应市场需要的轮胎产品,是三角轮胎的重要工作。

在案例3-8中,分析了俄罗斯市场中全球主要轮胎厂商以及俄罗斯本土企业在轮胎胎面花纹的布局,分析各自存在的优劣势,然后结合国内企业厂商目前的形势,给出针对性的市场建议。

除了针对一个区域市场的重点研究外,还可以针对不同的区域市场进行横向比较,找出技术流向的差异,找到不同的研发主体关注侧重点,为中国的企业找到突破口。

【案例3-9】针对碳纤维复合材料领域中美日欧在"一带一路"沿线市场的系统梳理[1]

本报告组针对中国、美国、日本、欧洲的碳纤维复合材料及应用的专利申请人在"一带一路"沿线新兴市场国家的专利申请量情况进行了系统梳理,结果如表3-1所示。

表3-1 中国、美国、日本、欧洲碳纤维复合材料企业在"一带一路"沿线国家专利申请量情况

单位:项

申请人国别 进入国	CN	EP	JP	US
CN	6661	453	524	1033
CZ	0	18	0	10
GE	0	1	0	0
HU	0	2	0	11
ID	2	5	3	0

---

[1] 杨铁军. 产业专利分析报告(第43册):碳纤维复合材料[M]. 北京:知识产权出版社,2016.

续表

申请人国别 进入国	CN	EP	JP	US
IL	1	33	1	54
IN	3	110	32	265
MN	0	10	1	18
MY	1	3	2	8
NP	0	24	3	71
PH	1	168	1509	67
PL	0	1	0	1
RU	0	91	28	97
SG	1	25	19	80
SK	0	5	0	1
TR	0	0	0	1
VN	2	4	2	5

注：CN-中国；CZ-捷克共和国；GE-格鲁吉亚；HU-匈牙利；ID-印度尼西亚；IL-以色列；IN-印度；MN-蒙古；MY-马来西亚；NP-尼泊尔；PH-菲律宾；PL-波兰；RU-俄罗斯联邦；SG-新加坡；SK-斯洛伐克；TR-土耳其；VN-越南。

数据显示，在中国、美国、日本、欧洲碳纤维复合材料企业均没有专利进入的国家/地区有：阿富汗、阿尔巴尼亚、亚美尼亚、阿塞拜疆、波斯尼亚、孟加拉国、保加利亚、巴林、文莱、不丹、白俄罗斯、爱沙尼亚、埃及、克罗地亚、伊拉克、伊朗、约旦、吉尔吉斯斯坦、柬埔寨、科威特、哈萨克斯坦、老挝、黎巴嫩、斯里兰卡、立陶宛、拉脱维亚、莫尔多瓦、马其顿、缅甸、马尔代夫、沙特阿拉伯、斯洛文尼亚、叙利亚、泰国、塔吉克斯坦、土库曼斯坦、东帝汶、乌克兰、乌兹别克斯坦、也门。在这些沿线国家中，中国毫无疑问是欧洲、日本、美国极其重视的复合材料市场，相比其他沿线国家寥寥可数的专利申请量，美国申请人在中国的申请为1033项、日本和欧洲分别为524、453项。除此之外，印度、以色列、俄罗斯、新加坡也属于欧洲、美国申请人关注的重点。此外，从专利申请量看，日本对于"一带一路"沿线国家最重视的复合材料市场是菲律宾而非中国，面向该国的申请居首，高达1509项。

3.2 获得竞争对手的专利分析法

对市场主体的分析是专利分析中非常重要的一环。对于市场主体的深入研究可以获得更有针对性的专利信息情报，其中，在行业中具有重要性、典型性或代表性的企业往往是要重点研究的竞争对手。竞争对手，可以通过企业调研、问卷调查、产业专家推荐、参考各种行业研究报告等方式来确定。课题组整理专利分析普及推广项目的报告，以期通过实际案例探讨获得竞争对手的专利分析方法。

3.2.1 根据技术细分优势获得竞争对手

在大多数行业里，行业领先者会申请数量较多的专利来保持其在技术上的领先地位，因此通过专利申请量可以大致判断出在一个行业里申请人所处的地位。而行业中存在方方面面的细分方式，不同申请人所处的产业链位置可能不一样，因此在专利申请的侧重方向上存在不同。进一步对细分领域专利申请情况的研究能够突出反映竞争对手真实的技术优势，在众多的竞争对手中为自身的定位找到合理的位置。

【案例3-10】三大重点申请人胎面基体橡胶领域不同技术分支申请情况分析[1]

下面对胎面基体橡胶领域全球排名前三位的申请人进行分析。

（1）普利司通

在排名前三位的申请人当中，普利司通申请量最多，时间跨度大。在2000年之后该公司申请量快速增长，近6年申请量占总申请量的百分比较高，说明其研发比较活跃。从图3-15、图3-16中可以看出，普利司通专利申请涉及胎面基体橡胶的大部分技术分支，其中其他橡胶体系技术分支申请量最多，其他橡胶改性技术分支申请量增长最快。

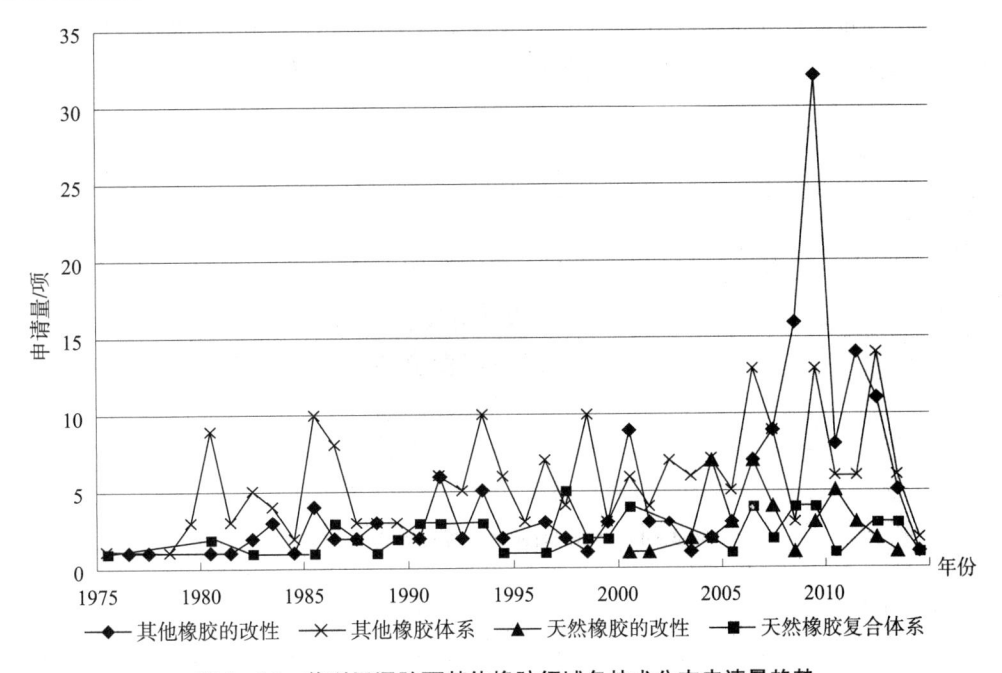

图3-15 普利司通胎面基体橡胶领域各技术分支申请量趋势

---

[1] 杨铁军. 产业专利分析报告（第42册）：高性能子午线轮胎 [M]. 北京：知识产权出版社，2016.

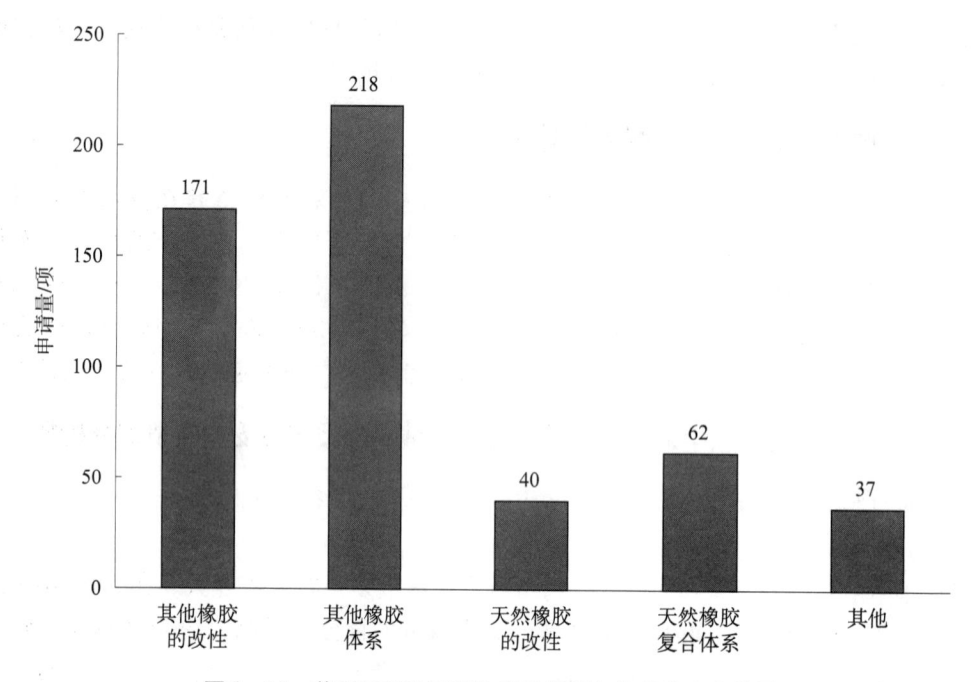

图 3-16　普利司通胎面基体橡胶领域各技术分支申请量

从图 3-17 中可以看出，普利司通在轮胎胎面基体橡胶领域申请的专利涉及较多的性能为滚动阻力、抗湿滑性和耐磨性，其中对耐磨性关注的最多，即普利司通对轮胎胎面的使用寿命最为关注，这也与普利司通对轮胎市场评价相符。

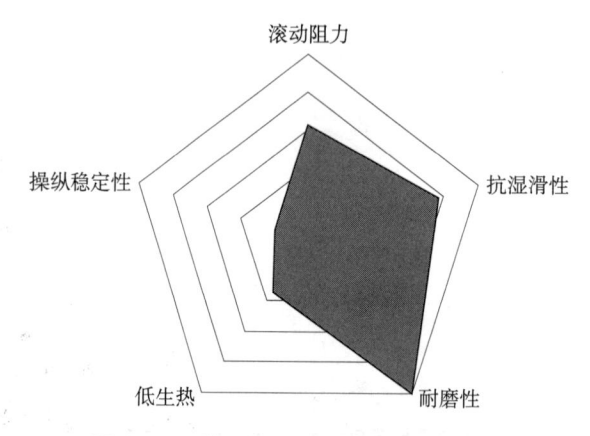

图 3-17　普利司通对各轮胎性能关注度

（2）住友

住友的申请量排名第二位，其申请总量与排名第一位的普利司通相差不大。从图 3-18中可以看出，与普利司通不同，住友在胎面基体橡胶领域其他橡胶改性技术分支申请量明显比其他技术分支大，并且该技术分支近 6 年的申请量比重大，活跃度高，因此说明住友在胎面基体橡胶领域的研究重点在于对橡胶进行改性，即使用各种改性剂对橡胶分子链本身进行改性以提高橡胶的性能从而改善轮胎的性能，这也是轮胎胎面基体橡胶领域中的研究热点。

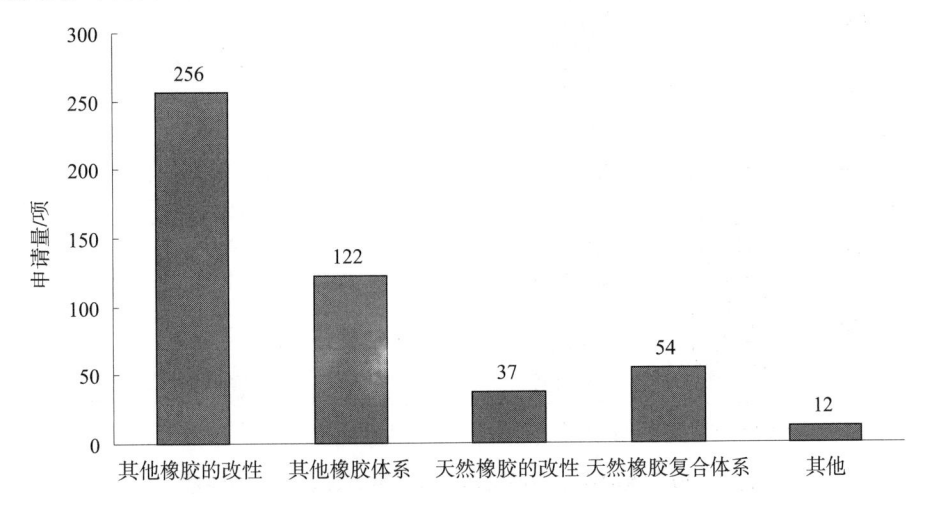

图 3-18　住友胎面基体橡胶领域各技术分支申请量

（其他橡胶的改性 256；其他橡胶体系 122；天然橡胶的改性 37；天然橡胶复合体系 54；其他 12）

根据住友的专利申请中所关注各个性能的情况制作了图 3-19，可以看出在轮胎基体橡胶领域，住友对性能的关注重点仍然在滚动阻力、抗湿滑性和耐磨性，而在这三个性能当中，更关注滚动阻力和抗湿滑性。可以看出，住友更加关注轮胎节能环保与安全性能的平衡。

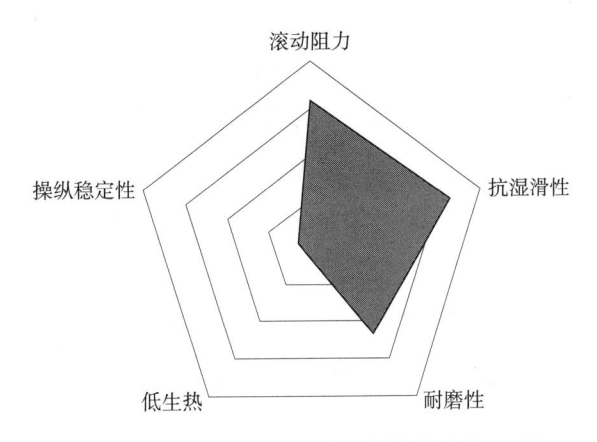

图 3-19　住友对各轮胎性能关注度

(3) 横滨橡胶

横滨橡胶申请量在胎面基体橡胶领域排名第三位，但横滨橡胶的申请量与前两名相差很大，仅为住友申请量的一半左右，但是近 6 年申请量占总申请量的百分比较高，说明其在胎面基体橡胶领域的研发比较活跃。从图 3-20 中可以看出，横滨橡胶的专利申请主要集中在胎面基体橡胶领域其他橡胶体系分支上，即比较关注各种不同的橡胶并用的体系。

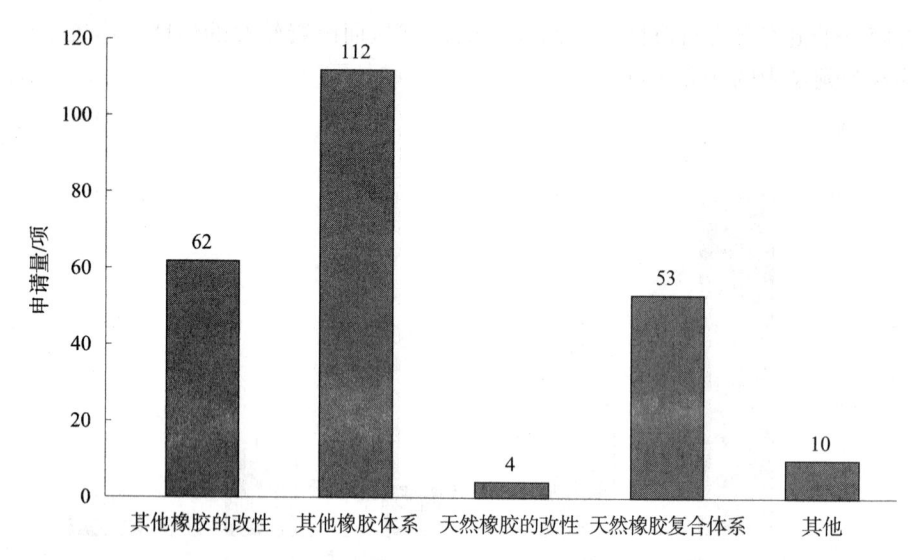

图 3-20　横滨橡胶胎面基体橡胶领域各技术分支申请量

从图 3-21 中可以看出，横滨橡胶在轮胎胎面基体橡胶领域关注的重点在抗湿滑性方面，对耐磨性能也有所关注，即横滨橡胶在该领域更加注重轮胎的安全性能的研究。

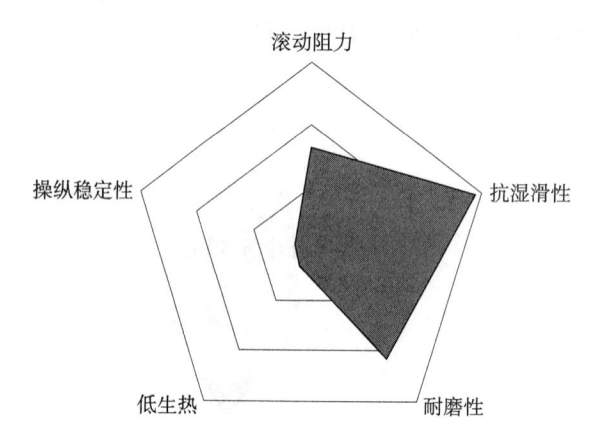

图 3-21　横滨橡胶对各轮胎性能关注度

案例 3-10 通过柱状图和雷达图反映出在胎面基体材料领域，三大重要申请人所关注的技术分支和性能均有侧重点，但都有关注的短板，比如低生热和操控稳定性，对于我国的申请人而言存在一定的竞争机遇。

3.2.2 根据技术布局方向获得竞争对手

【案例3-11】不同申请人专利申请量随时间变化的分析❶

HFO-1234yf 最早的制备专利是杜邦在 1958 年申请的，制备得到的 HFO-1234yf 用作聚合单体。从 1958 年起的近半个世纪，HFO-1234yf 的制备专利寥寥无几（参见图 3-22）。

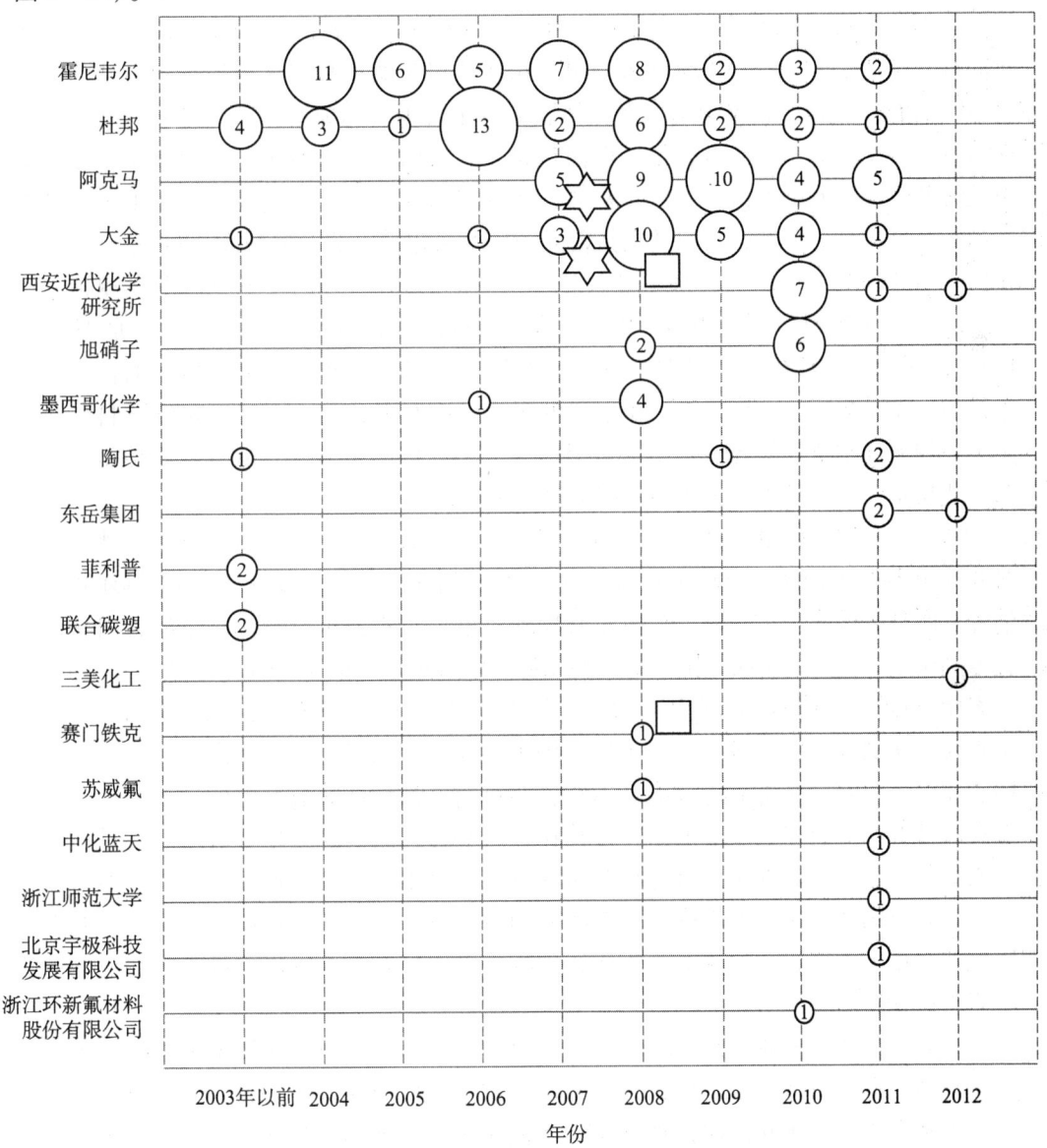

图 3-22　各申请人 HFO-1234yf 专利申请量随时间变化趋势

---

❶ 杨铁军. 产业专利分析报告（第 26 册）：氟化工 [M]. 北京：知识产权出版社，2014.

在 2004 年，HFO-1234yf 被发现可以作为制冷剂使用，且由于其具有零 ODP 值和低 GWP 值（GWP=4），可能成为新一代制冷剂。霍尼韦尔和杜邦两大公司率先开始寻求 HFO-1234yf 的新制备方法，并在 2004 年各自开始大量申请 HFO-1234yf 的制备专利。这两家公司几乎每年维持着 HFO-1234yf 制备专利申请，尤其 2004~2008 年申请量较高，成为 HFO-1234yf 制备专利申请的第一军团。

2006~2009 年，大金、墨西哥化学（包括英力士）、阿克马、旭硝子、苏威、陶氏和赛门铁克先后开始了 HFO-1234yf 制备专利的申请，是 HFO-1234yf 制备专利申请的第二军团。大金和阿克马尤其重视 HFO-1234yf 制备专利，在 2007~2009 年的 3 年时间分别申请了 24 项和 18 项之多。两公司在申请初期还有一次合作专利申请的经历（图中六角星所示），这说明第二军团活跃的竞争者为了打破第一军团已有的技术壁垒在追赶第一军团的初期通力合作。墨西哥化学、旭硝子关于 HFO-1234yf 制备专利的申请时断时续，专利申请并非每年都有，而苏威氟和陶氏分别仅仅申请了 1 项专利就退出了这个领域。另外，赛门铁克经营的领域本与化学无关，但却在 2008 年与大金合作申请 HFO-1234yf 制备专利（图中正方形所示），这实在是一件匪夷所思的事情。

2010 年是中国申请人开始 HFO-1234yf 制备专利申请的一年，它们是 HFO-1234yf 制备专利申请的第三军团。2010~2011 年，西安近代化学研究所、浙江三美化工公司、东岳集团、中化蓝天、北京宇极科技发展有限公司、浙江环新氟材料股份有限公司和浙江师范大学各自开始申请 HFO-1234yf 的制备专利。从专利申请量看，西安近代化学研究所是当之无愧的国内申请人领跑者。

从第一军团开始申请 HFO-1234yf 制备专利之后，第二军团国外公司申请人反应时间最短 2 年（2004~2006 年）即有自己的专利申请问世。即第一军团在 2004 年申请的专利刚公开的第一年，第二军团就监控到了第一军团公司申请人研发的方向从而进行专利跟进。而第三军团中国申请人的反应时间最短是 6 年（2004~2010 年），即在第一军团 2004 年申请的专利公开后的第五年才开始有相关领域专利问世。国内申请人技术跟进的速度远落后于国外申请人技术跟进的速度，这至少说明两方面的问题。一方面，国内企业对于新技术的敏感度不够，在目前产品经济效益足够的情况下，对于行业总体发展趋势的前瞻性不足，导致其在对新一代产品研发力量投入不够，进而导致技术储备不足。另一方面，国内企业通常对竞争对手的市场监控较为及时，但对竞争对手尤其是国外行业巨头的技术监控和专利监控不足。通常在行业巨头已将专利布局完毕产品投入市场后，国内企业才开始进行技术跟进并寻求技术突破点，如此必然会处于难以逆转的竞争劣势。

在暂不具备技术领跑能力的情况下，国内企业的研发能力和技术敏感度还需要进一步提高。在业内巨头非常明确的情况下，国内企业应监控竞争对手的专利申请态势，分析专利内容的变化并定期梳理竞争对手的技术研发方向，从而密切跟踪、追随，如此能一定程度上节省研发成本和研发时间，同时也让自己在以后可能的专利纠纷中处于相对有利位置。另外，在技术跟进的过程中，国内企业若能够发现 HFO-1234yf 制备关键技术的空白点，并集中研发力量加以突破，甚至可以四两之力拨千斤之重，在

HFO-1234yf 制备技术中占据更加有利的位置。

【案例3-12】碳纤维复合材料领域重要申请人全面对比[1]

从图3-23可以看出,空客在复合材料应用的申请量远大于波音的申请量。从申请趋势来看,两家公司大致相同,在各自主打的大飞机进入设计生产阶段申请量不断

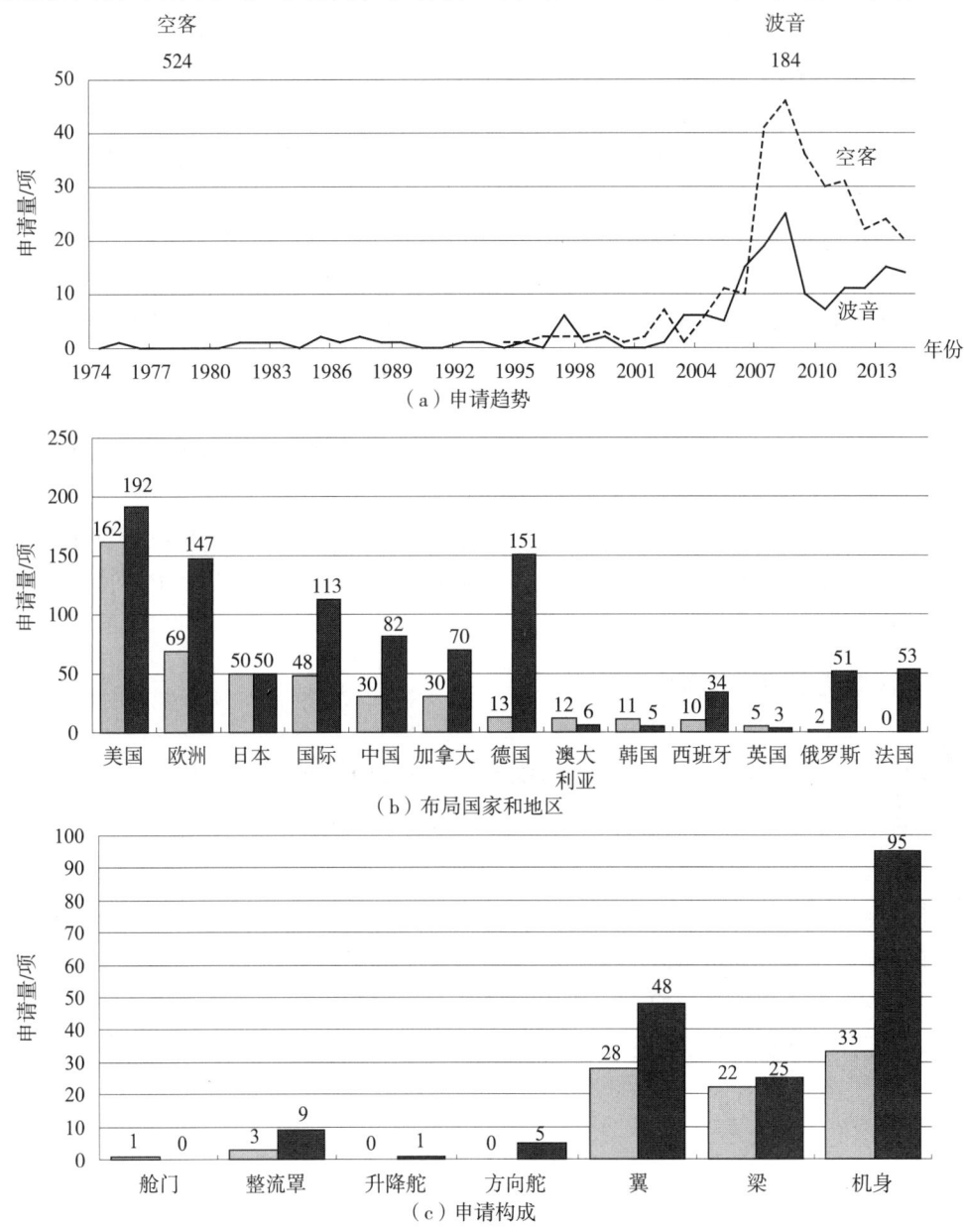

空客 524　　　　　　波音 184

(a) 申请趋势

(b) 布局国家和地区

(c) 申请构成

图3-23　波音、空客申请对比

---

[1] 杨铁军. 产业专利分析报告(第43册):碳纤维复合材料 [M]. 北京:知识产权出版社,2016.

增加，这为产品的最终成功交付奠定了技术基础。从两家公司的专利布局国家来看，主要布局分布在美国、德国、欧洲、加拿大；在亚洲市场，空客的布局力度大于波音，主要布局在中国和日本。从申请构成来看，两家公司在机身、翼、梁的主承力部件中的申请量最多，可见两大飞机制造商都非常注重复合材料在这些部件中的应用，并且也成为各自的技术竞争力量。可以看出，两家公司在进行专利布局时，不仅考虑了市场需求，还考虑了技术特点。

波音和空客在专利申请上的差异与各自的对市场的预期以及理念有密不可分的关系。在空客之前，波音的主要竞争对手是麦道，随着波音和麦道的合并，以及空客首架 A320 交付市场，波音才将空客列为竞争对手。在飞机设计和制造方面，两家公司也不尽相同。空客喜欢采用新技术，而波音则相对保守，但是波音也有充足的技术储备。虽然在 20 世纪 90 年代，波音声称要生产一种大型双层飞机，但没有研发，最终推向市场的是宽体客机 B787，反而是空客选择了这个方向，推出了大型双层客机 A380。新机型的推出反映出两家企业对未来民航市场发展趋势的不同认识。空客认为，在未来洲际民航市场，航空枢纽到航空枢纽的飞行将是一种非常重要的运营模式，A380 将实现大型枢纽机场之间的直飞，然后再用其他机型的飞机将乘客由枢纽分流到附近其他的地方去；而波音则认为未来的洲际民航市场，仍然以点对点直飞为主，没必要去枢纽机场中转。❶

波音和空客都是不断坚持创新的公司，强化科技产出，并运用知识产权作为竞争的手段，以专利布局强化技术保护、改进产品和流程，在激烈的竞争中保持了持久的竞争力。

3.2.3 根据市场行为获得竞争对手

【案例 3 – 13】对碳纤维复合材料领域重要申请人的市场动向进行研究❷

如图 3 – 24 所示，日本碳纤维巨头东丽与丰田、富士重工和戴姆勒公司达成合作。其主要竞争对手帝人也与通用汽车成立了合资公司。福特和陶氏是碳纤维方面的盟友，奥迪的合作者则是西格里集团的第三大股东福伊特。丰田也与宝马联手，共享车辆轻量化技术信息。本特勒和西格里集团于 2008 年共同组建合资公司，总部位于德国帕德伯博恩（Paderbron）市。该公司主要为汽车产业研制和生产由碳纤维增强复合材料制成的汽车部件，其客户包括几乎所有的汽车制造商。

---

❶ 刘亮. 波音 VS 空客胶着之战 [J]. 中国新时代，2013 (9)：70 – 73.
❷ 杨铁军. 产业专利分析报告（第 43 册）：碳纤维复合材料 [M]. 北京：知识产权出版社，2016.

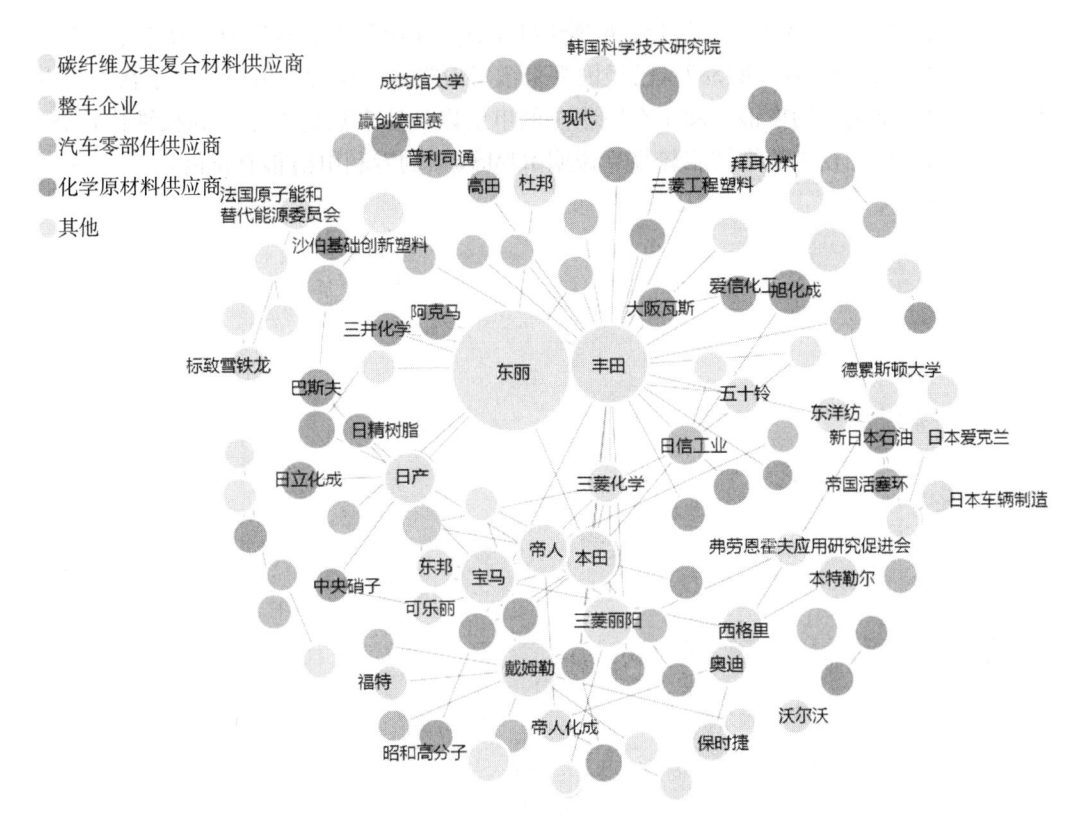

图 3-24　碳纤维复合材料汽车轻量化领域申请人合作网络

从案例 3-13 可以看出，市场重要的申请人都不会是孤立存在的抑或是单枪匹马打通全产业链。在全球市场日益模块化的今天，每个申请人都在判断自己处于产业链的什么地方，在市场上处于何种位置，需要与谁合作，需要哪些同盟，因此就反映出合作网络的形成。通过专利分析，可以初步从合作申请的角度在一些交叉领域或者承接产业链上下游的位置看到共同的申请人，进而绘制出申请人合作网络。合作申请人数量越多、合作申请人的类型越丰富，就凸显出该申请人的重要地位和市场位置。

3.2.4　根据专利权状态和攻防行为获得竞争对手

【案例 3-14】对碳纤维复合材料重要申请人的专利权状态进行研究[1]

通过对 RTM 领域中国市场主要申请人申请/有效量对比分析，数据表明（参见图 3-25）：西门子的申请基本都是 2011 年以后申请的，处于在审未决状态，因此虽然西门子在中国的申请量最高，却只有 1 项专利申请处于有效状态；赛峰和 LM 公司在中国分别有 13 项专利申请，各自有 9 项专利获得授权并处于专利权维持状态；中航工业

---

[1] 杨铁军. 产业专利分析报告（第 43 册）：碳纤维复合材料［M］. 北京：知识产权出版社，2016.

的 12 项专利申请，有 6 项获得授权，6 项仍处于在审未决状态；空客有 9 项申请，8 项获得了授权，其中 CN101287587A 已经因为未缴费而终止，还有 1 项申请处于在审未决状态；其他各申请人的申请，除了在审未决的申请以外，多数仍处于专利权维持状态。而各个公司获得授权之后维持率较高，说明 RTM 领域的专利申请很有价值。

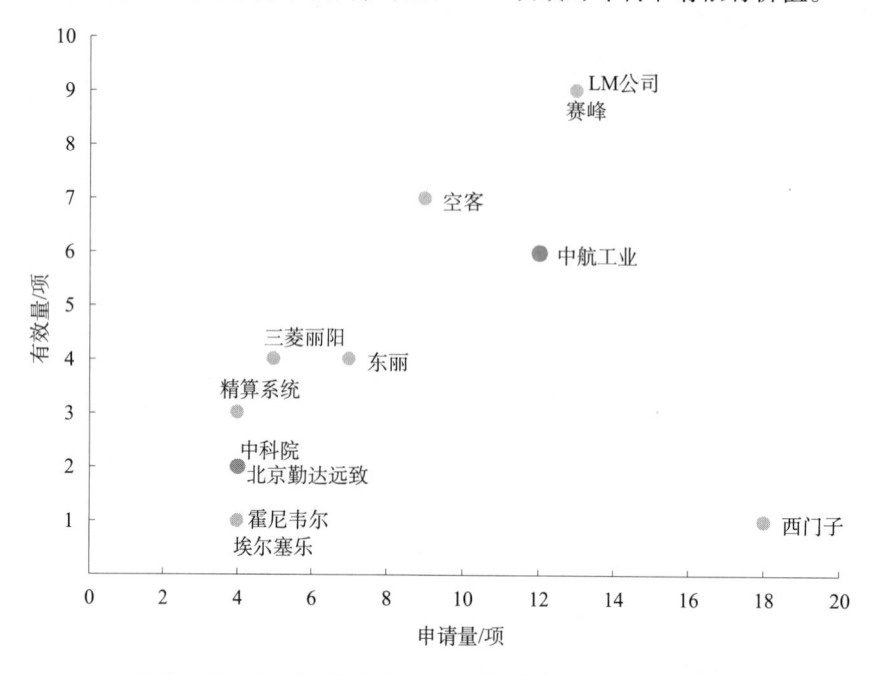

图 3-25　RTM 领域中国市场主要申请人申请/有效量对比

案例 3-14 通过申请/有效量对比这样一个指标，表明了各申请人进入的阶段、专利申请的质量、专利维持的时限等因素，进而能够比较出各主要申请人在 RTM 领域的地位和储备有效专利的数量。

【案例 3-15】对于高性能子午线轮胎重要申请人无效案件的研究[1]

中国在加入 WTO 后，贸易的国际化程度日益明显。国际上出现了新一轮的轮胎企业间兼并与资产重组的浪潮，各跨国轮胎公司都积极在原先布点或布点不足的国外地区建立新的轮胎生产企业，当然，也都会瞄准中国市场。同时，随之而来的"专利围剿"也日趋激烈。2005~2014 年中国涉及子午线轮胎外观设计专利的无效宣告案件共 21 件，针对历年来所涉及的无效案件进行分析，可以得到图 3-26。可以分析出无效宣告情况与当时的经济环境等因素的相关性。在 2005~2007 年，轮胎外观设计专利无效宣告的数量处于较高的态势，并于 2006 年达到了峰点。2008~2009 年，未出现针对轮胎外观设计专利提出的无效案件。2010~2014 年，轮胎外观设计专利无效宣告的数量处于较低的态势，且整体趋势较为平缓。分析上面数据的出现原因，可以发现在

---

[1] 杨铁军. 产业专利分析报告（第 42 册）：高性能子午线轮胎 [M]. 北京：知识产权出版社，2016.

2005~2007年，中国的整体经济处于不断的增长中，这一时期中国市场上的汽车产业在快速发展，汽车产业的发展自然会带动轮胎产业。市场需求的增加，加之国际化程度愈演愈烈，轮胎业巨头纷纷在中国市场加大投入，同时国内轮胎企业也在慢慢崛起。市场上的激烈竞争必然会触发技术上的较量，而通过合理的专利布局对竞争对手进行打压是很多跨国企业的惯用策略。请求专利无效通常是进行反诉的途径，这就是这一时期无效宣告的数量处于较高态势的原因。受2008年金融危机的冲击，世界轮胎生产和消费明显下降，特别是2009年发达地区轮胎消费下降到了低谷。市场的回落在专利数据上得到了体现，即2008年、2009年的数据。从2010年开始，世界经济逐渐企稳复苏，全球轮胎行业生产逐渐恢复增长。图3-26中数据的上涨，是新一流竞争开启的结果。

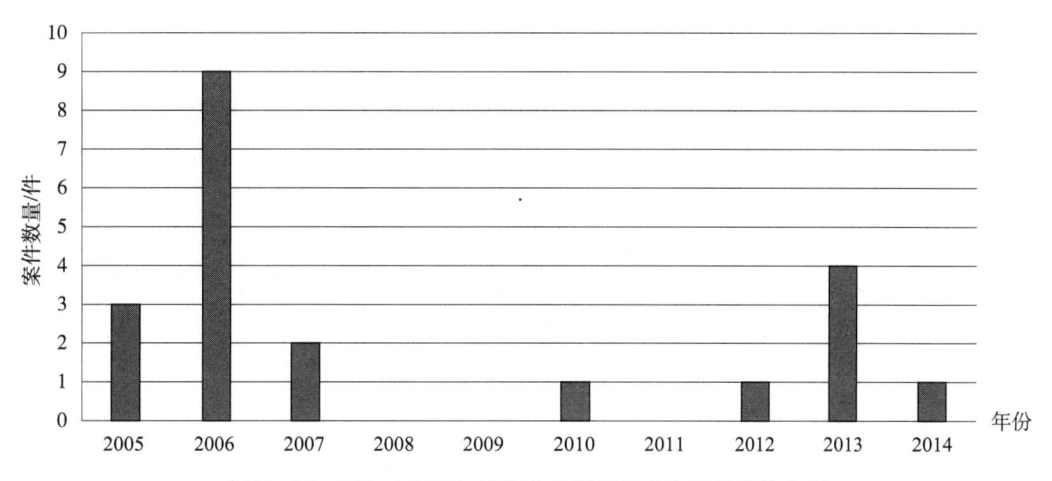

图3-26 历年中国子午线轮胎外观无效宣告案件数量分析

在无效案件中，全部为企业之间发起的无效请求。其中由中国企业作为无效请求人而发起无效宣告的案件仅为1件，而由外国企业作为无效请求人而发起诉讼的案件共有20件，且被请求人均为中国轮胎企业。由此可以看出，随着中国轮胎企业慢慢强大，国外企业的市场份额受到了冲击，此时它们会选择严密的专利布局方案对中国企业加以制约。在这些国外企业中，多数为轮胎业的巨头企业，例如米其林、普利司通、住友等。针对无效宣告中请求人和对应的被请求人进行分析，得到图3-27。由于很多中国企业从代工生产起家，其轮胎结构尤其是花纹与国外品牌相似度很高，因此在权利的稳定性上引起了国外企业的质疑。面对此种局面，中国轮胎企业首先要从根源上认识到自主创新的紧迫性。同时，中国企业应关注到竞争对手的专利申请情况及该对手企业所在国公开的专利情况。例如，在仅有的1件中国企业向外国企业发起无效宣告请求的案件中，中国的三角轮胎就是使用了日本公开的东洋轮胎的专利文献作为证据最终无效了普利司通在中国的专利。

中国企业无效 外国企业
10%

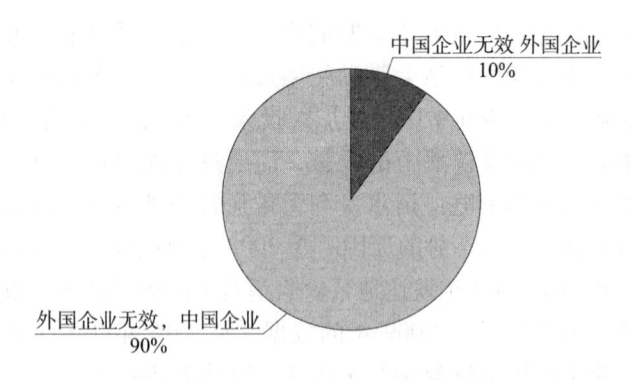

外国企业无效，中国企业
90%

图 3-27　中国子午线轮胎外观无效宣告案件双方类型分析

而针对这些无效宣告请求最终的结果进行分析，可以得到图 3-28。可以看出，国外企业作为无效宣告请求人对中国企业提出的无效请求最终无效成立的比例相当高。可见，在轮胎的外观设计专利方面，中国企业的专利稳定性很弱。究其原因，一方面暴露出中国轮胎企业创新水平上的弊端——模仿成分较高，另一方面反映出中国轮胎企业对于本国专利制度了解的欠缺。当然，我们也看到，中国的轮胎企业在努力改变这种被动局面，在创新的道路上寻求突破，例如，中国的三角轮胎对普利司通提出的无效请求最终全部无效成立。面对良好的市场前景和存在的主要问题，中国的轮胎企业必须在提高核心竞争力和创新上下功夫。例如，中国的广州市宝力轮胎有限公司、广州市华南橡胶轮胎有限公司在面对住友、横滨橡胶提出的无效请求中最终成功地"保卫"了自己的专利权。

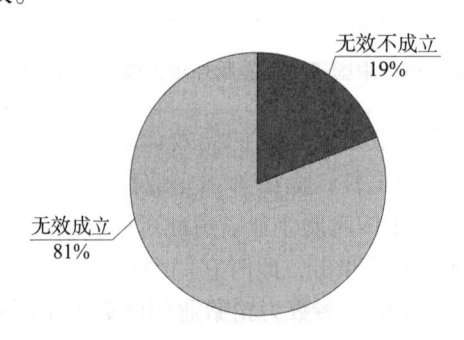

无效不成立
19%

无效成立
81%

图 3-28　中国子午线轮胎外观无效宣告案件结果分析

在轮胎外观设计专利无效案件中，所涉及的花纹类型主要包括单导向、纵向、混合、块状这四类（参见图 3-29）。在无效案件中，针对混合花纹轮胎的外观设计专利无效案件数量最多。这反映出在中国该花纹类型轮胎受关注度较高，使用较为广泛。这与混合花纹的特点有关，其综合性能好，适应能力强，应用范围广泛，普通的轿车和货车均适用，既适应于良好的硬路面，也适应于碎石路面、雪泥路面和松软路面。

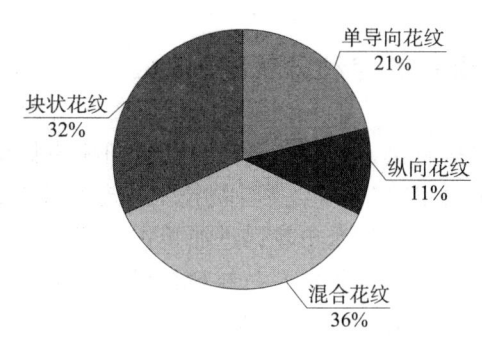

图 3-29　中国子午线轮胎外观无效宣告案件涉案花纹类型分析

针对各轮胎花纹类型的无效宣告请求结果进行分析（该数据为去除因证据存在缺陷而重复提出无效请求部分的数据），得到图 3-30。受关注度较高的混合及块状花纹轮胎抄袭和模仿的痕迹还很重，原因在于在相关无效案件中被认定为专利权无效的案件数量较多。这就提醒轮胎企业在研发新产品的过程中对于这两种花纹的轮胎应给予更多重视，同时更多地了解该领域的现有设计情况。

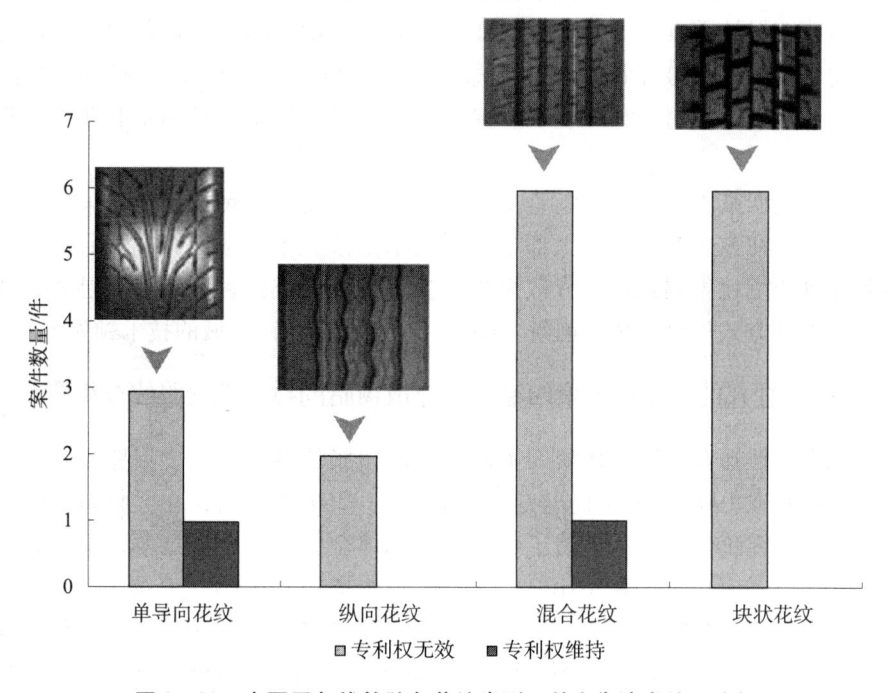

图 3-30　中国子午线轮胎各花纹类型无效宣告请求结果分析

通过对专利权无效案件的梳理和分析，在获取竞争对手的同时也密切了解竞争对手利用授权专利在哪些方面发起了诉讼行为，从而在进入后续市场时避免侵权或者加大无效竞争对手相关专利的把握。

3.3 获得企业竞争模式的专利分析法

在科技高速发展的当今社会，企业为了在市场竞争中占据优势地位，抢占市场份额，通常需要积极进行技术创新，开发高科技技术。专利作为高科技技术的代名词，是企业保护技术创新成果、控制技术市场，进而抢占市场的最有力武器。专利战略是企业竞争模式中最为常见的战略模式之一，专利布局通常反映着企业的技术布局和市场布局。因此，可以通过对企业的专利申请进行多维度分析，了解企业的专利布局，从而获知企业利用专利的竞争模式。通过对化学领域各产业的专利分析研究发现，各领域的重要企业均拥有各具特色的开展专利战略的竞争模式。本节将结合专利分析实例来梳理和归纳获得企业竞争模式的专利分析方法。

3.3.1 重点技术的技术路线和专利布局分析

在研究化学领域各产业中重要企业申请人时发现，这些企业对于该领域重点技术持续开展研究，从不同角度进行技术创新，并且均非常重视利用专利来保护技术创新成果，从而能够保护重点技术，进而在市场竞争中占据有利的地位。因此，通过对企业在重点技术上的专利技术路线和专利布局进行分析，结合该技术领域的整体情况，可以了解企业是如何利用专利从多维度保护自己的重点技术，获知企业在这种技术上的竞争模式。

高压缩比聚四氟乙烯分散树脂是一种很重要的聚四氟乙烯树脂，最早是由美国杜邦研发出来的。在该领域中，绝大部分专利技术是涉及聚四氟乙烯的聚合方法。以下结合杜邦在高压缩比聚四氟乙烯分散树脂的技术发展路线图，分析杜邦是如何通过不断研发并以专利方式保护其技术创新，以使其一直保持在该领域的技术领先地位。

【案例 3-16】杜邦的高压缩比聚四氟乙烯分散树脂的技术发展路线分析[1]

图 3-31 是杜邦在高压缩比聚四氟乙烯分散树脂领域的技术发展路线图。从图中可以看出，杜邦在 1959 年首次提出专利申请 US3142665A 之后，在寻找新的改性单体上作了大量的研究工作，先后申请了采用改性单体全氟烷基乙烯基醚、全氟正丙基乙烯基醚（PPVE）、六氟丙烯（HFP）、三氟氯乙烯（CTFE）、全氟甲基乙烯基醚（PMVE）、全氟丁基乙烯等专利；随后，在 1988 年提出了涉及两种不同的单体加入方式的 2 项专利申请；进入 20 世纪 90 年代，杜邦开始关注引发剂的加入方式，先后申请了 5 项专利；对于调聚剂的研究，杜邦在 1959 年申请的专利 US3142665A 中已有所提及，在 2002 年以后陆续申请 4 项相关专利；进入 21 世纪以来，杜邦开始着力于替代 PFOA 表面活性剂及组合物的研究，并申请了专利。综合来看，杜邦在该领域的技术发展路线为：新型改性单体→单体加入方式→引发剂及其加入方式→表面活性剂。由此

---

[1] 杨铁军. 产业专利分析报告（第 26 册）：氟化工 [M]. 北京：知识产权出版社，2014.

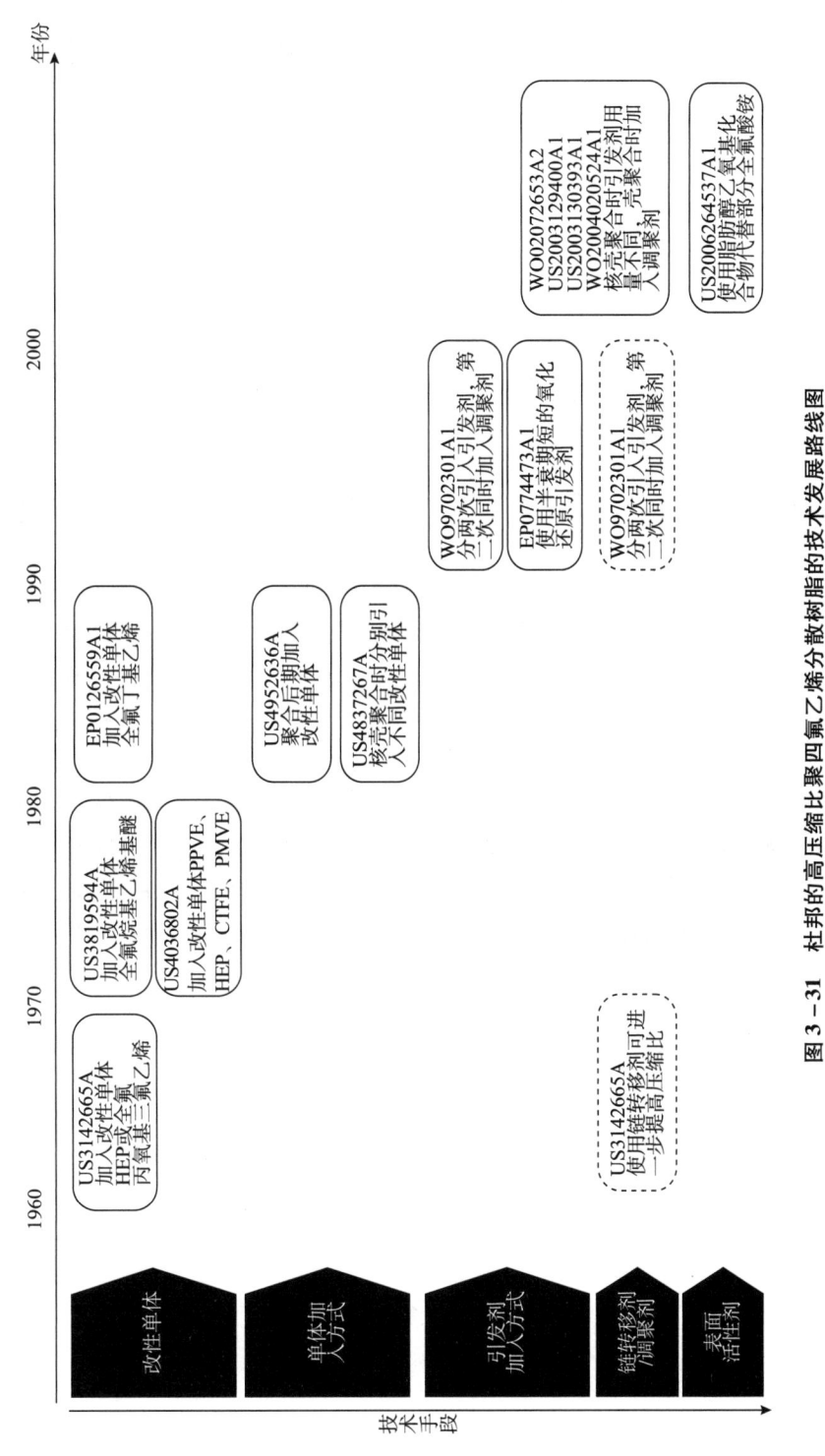

图 3-31 杜邦的高压缩比聚四氟乙烯分散树脂的技术发展路线图

可见，杜邦在该技术领域中坚持不断技术创新，而且随着技术研发推进，不断挖掘出新的技术发展方向。

通过对该领域的专利申请进行分析，发现现有提高聚四氟乙烯树脂压缩比的技术手段主要包括：①加入不同的改性单体；②采用不同的改性单体加入方式；③加入调聚剂；④采用不同类型的引发剂；⑤改变引发剂的加入方式；⑥采用不同的分散剂。通过对杜邦在该领域的专利申请情况进行分析，发现杜邦的专利申请涵盖上述6种技术手段。由此可以看出，杜邦在该重点技术上采取的竞争模式是利用自己的研发优势，针对所有技术上可能的方向均开展技术研发，并且在每个研发方向上保持延续性，从多个维度申请专利，构建在该领域的专利网，从而整体上实现聚四氟乙烯树脂聚合方法的全方位专利保护，以确保其在该领域的技术领先地位。

此外，通过进一步分析杜邦在高压缩比聚四氟乙烯树脂领域的引发体系专利申请情况，能够更深入地了解杜邦在重点技术上的专利竞争模式。

【案例3－17】杜邦在高压缩比聚四氟乙烯分散树脂领域的引发体系和共聚单体上的专利布局分析[❶]

图3－32是高压缩比聚四氟乙烯树脂领域中技术创新点为引发体系的专利申请分布图。从图中可以看出，杜邦在该领域的各个分支均进行了大量专利布局。其中，过氧化物引发剂用于制备高压缩比聚四氟乙烯树脂是杜邦最先提出的，过氧化物引发剂也是该领域专利申请中使用最多的引发剂，杜邦在首次提出相应专利申请后陆续进行专利申请，共提交了11项专利申请。大金首先提出过硫酸盐＋其他过氧化物复配引发剂技术分支，但杜邦在该技术分支上共申请了9项专利申请，占该分支专利申请量的45%。此外，杜邦还申请了氧化还原引发体系的一项专利申请。通过上述分析，可以看出，杜邦在其首创技术上能够持续开展研发，并保持优势；在别人首创的技术上，能够及时跟进，并利用自己的技术优势积极进取，申请了大量专利，保持优势。

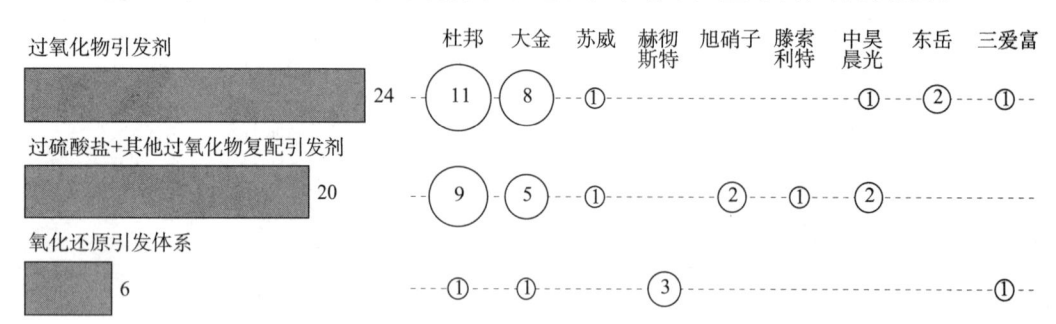

图3－32 高压缩比聚四氟乙烯树脂领域中引发体系的专利申请分布

注：图中数字表示申请量，单位为项。

---

❶ 杨铁军. 产业专利分析报告（第26册）：氟化工［M］：北京：知识产权出版社，2014.

图 3-33 是杜邦和赫彻斯特的三氟氯乙烯作为改性单体的高压缩比聚四氟乙烯的专利申请分布图。三氟氯乙烯作为聚四氟乙烯分散树脂的改性单体最早由赫彻斯特于 1968 年在其专利申请 US3654210A 中提出。可以看出，赫彻斯特在首次提出三氟氯乙烯改性单体之后，只提出了 1 项相关专利申请；杜邦在获悉三氟氯乙烯可以用作高压缩比聚四氟乙烯分散树脂的改性单体之后，很快开展了相关的研究工作，并提出了 1 项相关专利申请，并陆续申请了 3 项专利，一举超越赫彻斯特，成为该领域的技术领先者。由此可以看出，杜邦非常重视对领域内专利申请信息的收集，特别是竞争对手的专利申请信息，并在发现技术可能性后迅速跟进，开展技术研发，及时将创新成果利用专利形式保护，并坚持持续创新，从而实现技术地位的反转，占据技术优势。

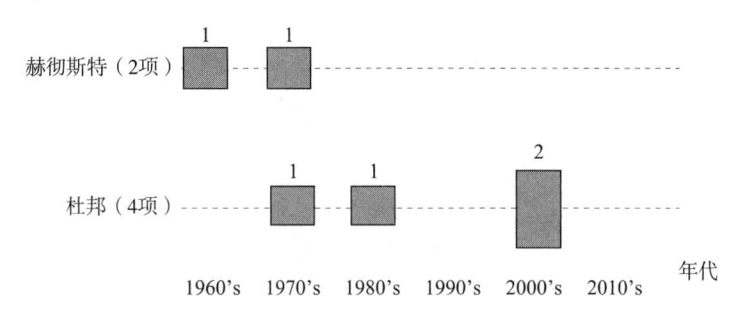

图 3-33　高压缩比聚四氟乙烯树脂领域中三氟氯乙烯改性单体的专利申请分布图

3.3.2　企业合作申请的分析

专利代表着企业的技术能力和竞争优势，不同企业之间的合作专利申请，是企业间研发合作的直接体现。合作研发可以让企业之间实现优势互补、技术共享、节约研发资源，加快技术创新速度，增强企业的竞争力。合作研发已发展成为企业整合内外资源进行技术研发的一种重要模式。因此，通过对企业的专利合作申请的共同申请人、数量、时间、技术领域分布等进行有效分析，可以揭示企业的技术研发方式和发展策略，进而发现企业的竞争模式。

下面对碳纤维领域的重要申请人日本东丽的合作申请情况进行分析，以期从中发现东丽在碳纤维领域中的竞争模式。

【案例 3-18】　东丽在碳纤维领域的合作申请的分析[1]

图 3-34 显示东丽在碳纤维各技术分支上的合作申请情况。从图中可以看出，东丽在专利申请上主要以垄断式申请为主，较少与其他公司合作，但其在选择合作时具有明确的目标性。由合作申请在各技术分支的占比可以看出，东丽在碳纤维的核心技术生产工艺方面较少与其他申请人进行合作申请，主要是自主研发、独立申请专利，这说明东丽将自己掌控的核心技术垄断在自己的手中，不愿意与他人进行合作研发，

---

[1] 杨铁军. 产业专利分析报告（第 14 册）：高性能纤维 [M]. 北京：知识产权出版社，2013.

如此可防止核心技术外泄和相关核心专利技术所有权与他人共享。但是，在产业链下游的复合材料和应用领域，东丽的合作申请相对较多，这说明东丽在碳纤维的下游应用中注重与在相关领域具有技术优势的申请人进行合作研发。

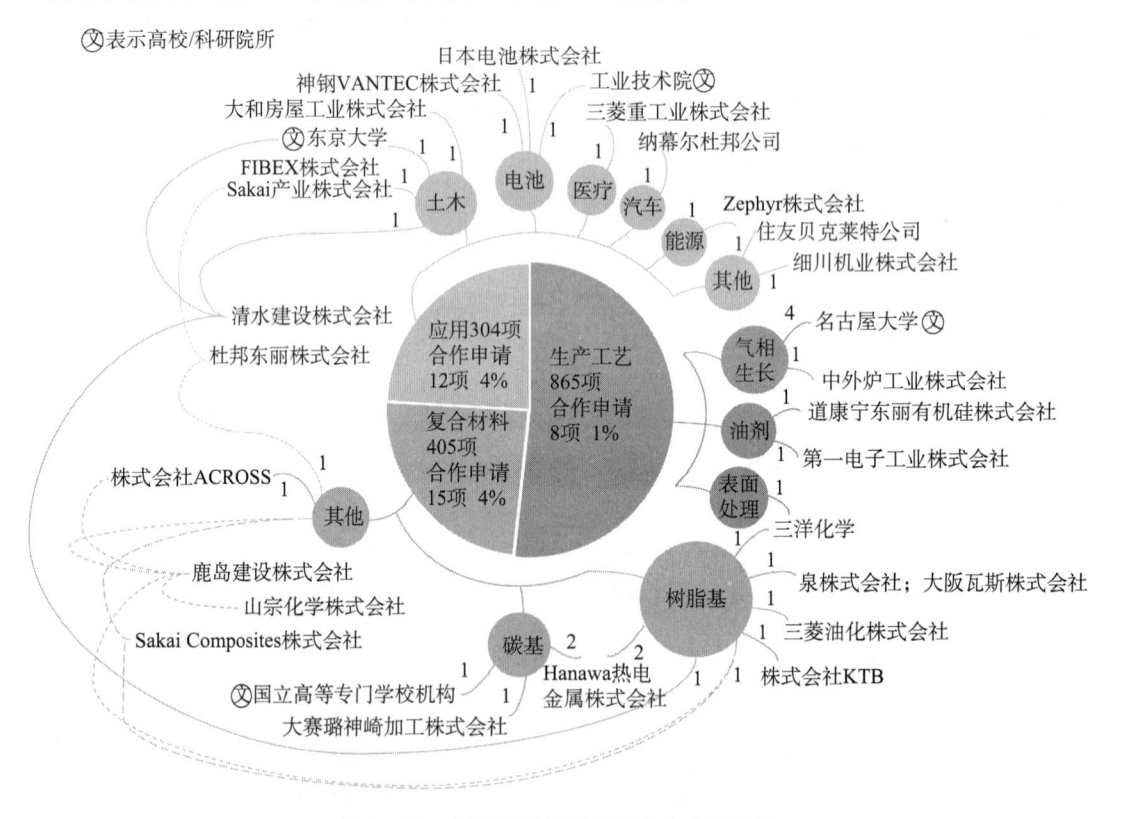

图 3-34　东丽在碳纤维领域合作申请情况

具体来看，在碳纤维应用的土木设施和基础建设方面，东丽的主要合作对象是清水建设株式会社。该公司拥有丰富的建设设计和施工经验，并且重视研究开发工作。东丽与清水建设株式会社的合作正好能够弥补其在土木建设方面专业知识的不足，对于了解碳纤维应用在建筑领域的性能需要有极为重要的意义。东丽类似的合作还有与另一日本建筑巨头鹿岛建设株式会社的共同申请。在表面处理等方面，东丽与三洋化成工业株式会社进行合作申请，该公司是一家专注于精细化学品的生产和研发的上市公司。除注重与不同类型企业的合作外，东丽还加强与科研院所和高校在技术前沿领域的开发研究，涉及碳基复合材料、在土木和电池方面的应用以及碳纤维的生产工艺。进一步发现，东丽与名古屋大学在生产工艺方面有 4 项合作申请，其中 3 项涉及气相生长碳纤维，而气相生长工艺制备线性聚丙烯腈基碳纤维是目前的研发热点。

通过对东丽的合作申请情况进行分析，东丽在碳纤维领域中的竞争模式大致如下：非常注重自主研发，将核心技术掌控在自己手中，同时在产业链中下游中积极寻找相关领域中具有技术优势的企业或高校开展技术合作。而在一些前沿技术中则注重与科研实力强的有关高校进行研发合作，通过合作研发加快创新速度，拓展自己产品碳纤维的应用。

3.4 获得竞争优势的专利分析方法

竞争是一种优胜劣汰的机制。技术创新可以给企业带来成本降低、产品质量提高和经济效益增长的好处，帮助企业在竞争中占据优势。因此，每个企业只有不断进行技术创新，才能在竞争中击败对手，保存和发展自己，获得更大的市场。专利分析是将现有专利信息收集分析，可以掌握现有技术，发现技术空白或不足，找到技术研发方向，从而有助于企业快速且高效进行技术创新，进而获得竞争优势。

3.4.1 绘制技术领域的技术路线图

通过对技术领域涉及的专利申请进行分析，绘制相应的技术路线图，能够为企业的技术研发和专利布局提供决策依据，具体作用如下：

（1）通过梳理技术的主要路径和关键技术节点，能够帮助企业理清该重点技术的发展概况，抓住技术发展的主要矛盾，认清自身所处的实际位置，从而对研发资源进行优化配置，更有效地进行针对性研发，实现"弯道超车"，获得竞争优势。

（2）通过对主要技术路径和关键技术节点的专利布局情况的分析，可以准确地了解竞争对手的技术实力和研发动向，获取更多的竞争情报，进而判断竞争对手的研发思路和专利布局策略，有助于企业有针对性地制定自身研发和专利布局策略。

（3）通过对现有主要技术路径和发展方向的分析，可以帮助企业把握技术未来的发展方向，并针对性地制定研发策略，力争获得竞争优势。

下面对高性能子线轮胎胎面胶技术领域中重点技术的专利申请进行分析，通过绘制该重点技术的技术路线图，为企业的技术研发和专利布局提供决策依据，帮助企业获得该领域的竞争优势。

【案例3-19】非天然橡胶基体橡胶的胎面胶的技术路线分析[1]

在高性能子午线轮胎用橡胶材料领域，目前胎面胶大部分使用的材料是天然橡胶。然而，天然橡胶的供应紧缺，迫切需要在轮胎领域开发天然橡胶的替代技术，以满足橡胶工业发展的需要。通过对轮胎胎面胶领域的专利申请进行分析，可梳理出非天然橡胶基体橡胶的胎面胶的技术路线图，具体参见图3-35。

从图中可以看出，目前主要存在三种替代天然橡胶的技术路线：

（1）通过调节丁苯橡胶中苯乙烯含量、乙烯基含量和聚合物链段分布以改善轮胎的滚动阻力、抗湿滑性和耐磨性等性能，由此提高胎面胶中丁苯橡胶的用量，降低天然橡胶的使用。增大苯乙烯含量可以提性高抗湿滑性，改善加工性能，但会提高滚动阻力和降低耐磨性和弹性；增大乙烯基含量会降低滚动阻力和生热。在该技术路线上，

---

[1] 杨铁军. 产业专利分析报告（第42册）：高性能子午线轮胎 [M]. 北京：知识产权出版社，2016.

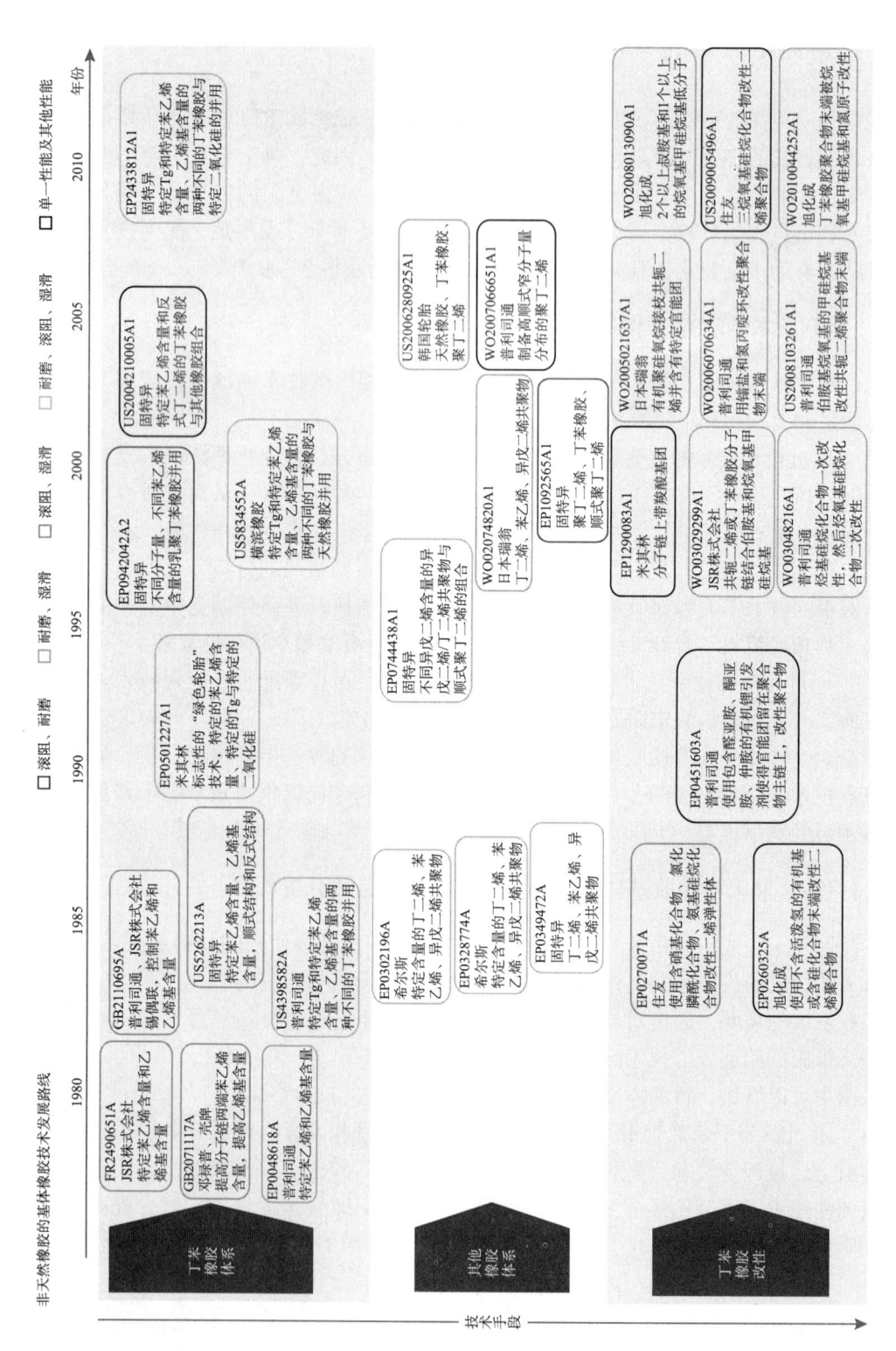

图 3-35 非天然橡胶基体橡胶的技术路线图

掌握相关关键专利技术的企业有 JSR 株式会社、邓禄普、壳牌、普利司通、固特异、米其林、横滨橡胶等，其中普利司通和固特异分别布局了大量专利申请；米其林的标志性的"绿色轮胎"专利 EP0501227A1 也属于该技术路线。

（2）在合成丁苯橡胶中加入异戊二烯共聚单体以改善橡胶的性能，进而替代天然橡胶；或者丁苯橡胶与其他橡胶并用。异戊二烯共聚单体的加入可以提高弹性和加工性能，同时也可以保持丁二烯链段带来的低滚动阻力和高耐磨性，以及苯乙烯链段的高抗湿滑性。在该技术路线上，掌握相关关键专利技术的企业有固特异、希尔斯、日本瑞翁、韩泰轮胎、普利司通等，其中固特异在该技术路线上用于大量核心专利技术。

（3）使用改性剂对橡胶分子末端进行改性以提高橡胶的性能，进而替代天然橡胶。该技术路线上的关键专利技术掌握在住友橡胶、旭化成、普利司通、日本瑞翁、米其林等手中，其中普利司通和旭化成在该领域布局了大量专利申请。此外，通过分析发现，在该技术路线上，可以使用不同种类的改性剂，并且改性剂的分子结构也越来越复杂，因此对橡胶分子的末端进行改性可以提高多种性能，例如低滚动阻力，高抗湿滑性，低生热和低滞后等。近年来，对橡胶分子链的改性技术的申请量呈飞速增长态势，由此推断出该研发方向是今后天然橡胶替代研究的热点。

3.4.2 绘制技术领域的技术功效图

技术功效分析可用于梳理中技术领域的现有技术布局和关注的技术效果，帮助企业从宏观上了解该技术领域的技术现状。通过绘制技术领域的技术功效图，可以帮助企业寻找解决具体技术问题的专利技术、技术空白点、研发热点等，从而能够有效地规避技术雷区、发现潜在的研发方向、缩短技术研发时间，最终力争获得竞争优势。以下结合全氟磺酸树脂膜的技术功效分析，阐述企业如何利用技术功效图，来获得竞争优势。

【案例 3-20】全氟磺酸树脂膜的技术功效分析❶

图 3-36 示出了全氟磺酸树脂膜全球专利申请的总体技术功效。该技术功效图全面给出了全氟磺酸树脂膜领域的专利技术现状。可以看出，全氟磺酸树脂膜领域中的现有专利申请主要涉及以下 4 个技术问题：①如何提高电导率/质子传导能力；②如何提高稳定性和化学耐受性；③如何改善甲醇渗透性；④如何提高成膜性和机械性能。该技术领域中为解决上述 4 个技术问题所采用的技术改进点包括：制备多层复合材料、与无机物掺混、与其他聚合物共混、与有机物掺混、使用不同的聚合后处理手段、使用不同的共聚方法、使用不同的共聚单体等 9 种技术手段；并且梳理出了上述技术问题与技术改进点之间的关联。还可以看出，在该领域中，如何解决上述问题①和④是研发热点，特别是采用将全氟磺酸树脂与无机物掺混，或与其他聚合物共混来解决上述技术问题是该领域中主要研究的技术改进方向，这些是专利申请密集区，属于专利雷

---

❶ 杨铁军. 产业专利分析报告（第 26 册）：氟化工 [M]. 北京：知识产权出版社，2014.

区。企业在进行研发时，应注意对现有专利技术进行规避还可以借鉴图中的技术改进点。

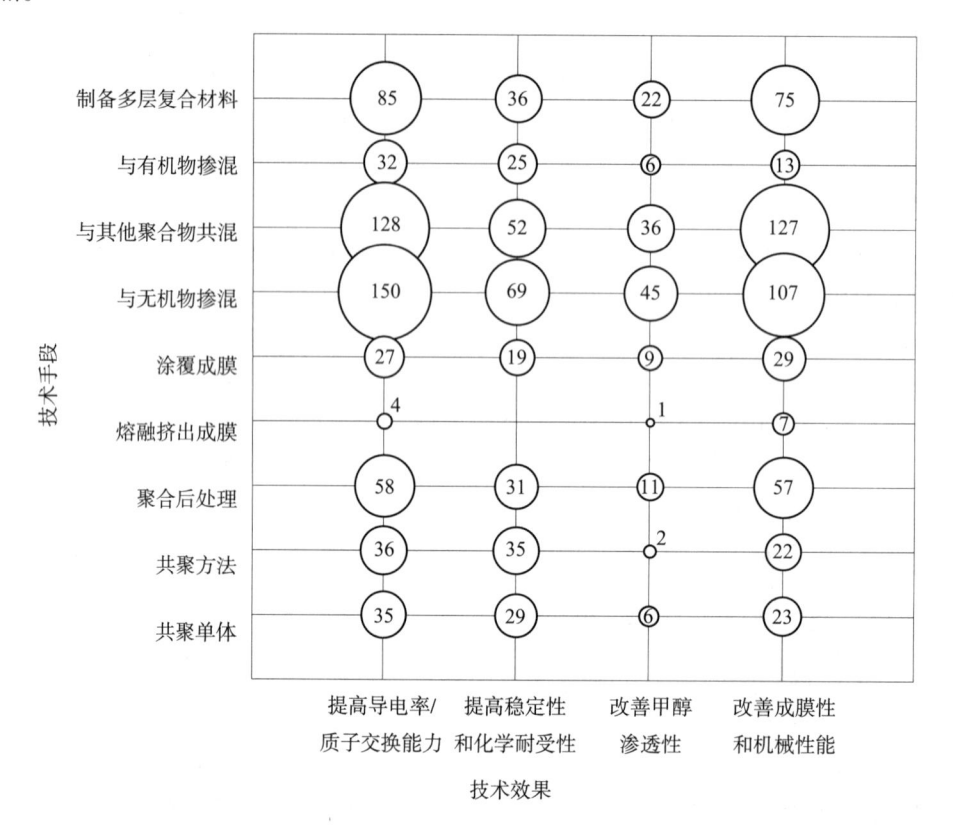

图 3-36 全氟磺酸树脂膜全球专利申请总体技术功效图

注：图中数字表示申请量，单位为项。

此外，现有技术中通过将全氟磺酸树脂与有机物掺混、改变其成膜方式如涂覆成膜技术和熔融挤出成膜技术来解决上述 4 个问题的专利申请不太多，这说明这些技术研究方向可能是该领域的潜在技术空白点。特别是，通过将全氟磺酸树脂与有机物掺混、改变共聚方法和使用不同的共聚单体来改善甲醇渗透性的专利申请数量很少；由于已存在采用上述 3 种方式来改善甲醇渗透性的专利技术，因而说明这些技术改性方向是可行的，但相应专利申请数量不多，可能存在一些原因。这些更有可能是该领域的技术空白点，因而企业可以去挖掘这背后的问题，并进行技术分析，从而实现技术突破和创新。另外，该领域的企业还可以借助于上述相应技术分支的专利申请趋势来判断所述技术空白点是否为有价值的热点。如果发现某个潜在技术空白点的专利申请量不多，但近 2 年专利申请量增长迅速，则说明该技术分支可能已成为潜在技术热点，并已出现了较大技术突破，从而判断该技术空白点为该领域具有潜在开发价值的技术空白点。

3.4.3 分析竞争对手的专利申请和布局

企业要在市场竞争中长期保持竞争优势，应当密切关注本领域中的专利技术动态，特别是应动态监控竞争对手的专利申请和布局情况。通过分析竞争对手的专利申请和布局，企业能够做到知己知彼，进而根据竞争对手的情况及时调整自身的研发和专利布局策略，采取针对性措施，最终才能在激烈的市场竞争中，避免受制于他人，抢占竞争优势。下面结合芳砜纶案例来分析杜邦如何通过分析竞争对手的专利申请和布局情况进行针对性布局，实现避免受制于人，进而获得竞争优势。

【案例 3 – 21】 芳砜纶案例[1]

20 世纪 60 年代，杜邦成功开发出聚间苯二甲酰间苯二胺（PMIA）纤维，并成功上市销售，商品名为 Nomex。该纤维由于具有优异的耐热阻燃性能而畅销全球，成为全球有机耐高温阻燃市场最主要的产品之一。几乎同时，上海纺织（集团）有限公司在自主研发出一种新有机高温阻燃纤维材料芳砜纶，其的问世填补了中国耐高温高性能纤维的空白，并且具有比杜邦的 Nomex 更好的耐热性以及其他相当的性能，但价格仅为 Nomex 的 1/5。2002 年，上海纺织（集团）有限公司申请了 1 件有关芳砜纶的专利 CN1389604A，但是该专利仅保护了芳砜纶的生产工艺，而并未保护产品和应用。此后，其继续在芳砜纶生产工艺方面进行攻关，但是技术的研发经历了漫长的时间。直到 2007 年，初步实现了芳砜纶产业化，上海纺织（集团）有限公司再次申请了 4 件关于芳砜纶纤维的制备方法的专利；其中 3 件涉及芳砜纶生产工艺，1 件涉及溶剂回收方法，对相应的产品和可能的应用仍然未申请保护。与此同时，杜邦关注到上海纺织（集团）有限公司对芳砜纶的研发工作，并于 2007 年派遣其首席科学家造访上海纺织（控股）集团负责芳砜纶生产的上海特安纶纤维有限公司（以下简称"特安纶公司"），在了解芳砜纶相关情况后，提出全面收购特安纶公司的芳砜纶业务，但收购未果。杜邦在全面分析特安纶公司的专利申请和布局后，发现特安纶公司关于芳砜纶的专利申请很少，仅申请保护了芳砜纶的制备方法，并未申请专利保护芳砜纶产品及其中下游的应用。于是，杜邦开始针对特安纶公司的芳砜纶开展专利申请布局，在 2007 年 4~12 月提交了 14 项与芳砜纶相关的 PCT 申请，2008 年和 2009 年又分别提交了 2 项和 1 项 PCT 申请，并且 PCT 申请随后分别进入美国、中国、欧洲、日本、韩国、加拿大、墨西哥等国家或地区。杜邦在短短 3 年时间内在其产品 Nomex 市场份额较大的上述国家或地区完成了对芳砜纶的制备方法、中下游产品和应用的全方位且严密的专利布局。表 3 – 2 为杜邦针对芳砜纶的中下游包绕式专利布局情况汇总。

---

[1] 杨铁军. 产业专利分析报告（第 14 册）：高性能纤维 [M]. 北京：知识产权出版社，2013.

表 3-2　杜邦 17 项专利的主题、类型及布局分析

申请主题种类	产品、方法和用途均要求保护
申请类型	均为发明专利
在产业链中的位置	涵盖了纤维、纱线（短纤、长丝）、织物、过滤毡、绝缘材料、复合材料、纸张等上中下游；尤其注重产业链中关键位置——纱线对与其他纤维混合的纤维
从属权利要求	8 项专利申请的从属权利要求在 10 项以上，其他也均在 6~9 项之间，对产品具体组成、性能等进行了细致的布局
全球主要国家或地区的布局	14 项专利申请在美国、中国、日本、欧洲、韩国、加拿大、墨西哥进行了布局，17 项在中国布局
申请人以及专利权拥有人	17 项专利申请均为美国公司总部

最终的结果是，虽然特安纶公司的芳砜纶纤维本身不会侵犯杜邦的专利权，但芳砜纶纤维的中下游产品和应用均涉嫌侵犯杜邦的专利，使得上述国家或地区的中下游厂商不敢购买特安纶公司的芳砜纶产品。2011 年，杜邦的 Nomex 产能 2.5 万吨，全球销售额高达 84 亿美元，而特安纶的芳砜纶年产量仅为 1000 吨，在中国境外的销售额仅为约 2000 万美元，仅为杜邦 Nomex 的 1/370。

回顾一下杜邦的专利战略可以看出：①杜邦作为产业内传统优势企业对业内产业和技术信息具有很强的敏感性，很快关注到特安纶的芳砜纶产品，并意识到该产品可能严重影响到其产品 Nomex。②在收购未果后，杜邦立即针对特安纶公司的芳砜纶专利申请情况进行深入分析，发现特安纶公司并未对芳砜纶产品和相关技术进行全面专利保护，找出其未对芳砜纶中下游产品和应用进行专利布局的漏洞，并采用沿芳砜纶产业链向中下游进行专利布局的策略，迅速申请了一系列相关 PCT 申请，围绕芳砜纶制成的产品及其应用在全球主要竞争市场进行全方位的专利布局。在这些专利陆续获得授权后，构成了对特安纶公司的芳砜纶产品在上述主要竞争市场的专利雷区，由此限制芳砜纶产品在这些市场的销售，从而获得其自身产品 Nomex 在这些市场的竞争优势。

3.5　小　结

（1）获得竞争市场的专利分析方法包括：

区域市场：

1）通过专利流向判断区域市场的活跃度。通常布局的专利数量与其在该区域的市场份额相匹配，甚至专利的提前布局是为打开目标区域市场进行准备的，可以看到不同的申请来源国对目标市场的关注存在倾向，进而分析出各国不同的申请保护策略，

从我国"走出去"的角度，考察相对有利的区域竞争市场。

2）通过分析重要申请人的专利布局态势突出竞争市场。对重点申请人全球主要专利申请目标国家和地区的专利流向进行分析，可以了解其市场布局、发展策略及其变化趋势，看到在不同市场变化的趋势，着重分析中国市场和衰退市场，通过分析背后的原因帮助确定有力的竞争市场。

技术市场：

3）通过技术集中度的变化来判断技术市场的准入门槛和准入时机，技术集中度的变化一方面反映了技术门槛的变化，另一方面反映了新技术带来的行业的革新，从而发掘潜在的技术市场，以及进入的合适时机。

4）通过对领域重点和空白点分析可以确定技术市场布局方向。通过可视化的手段明确了不同的市场主体在这个技术市场的专利布局态势，哪些是双方争夺的热点，哪些是技术空白点有待布局，合理地给出对于该技术市场的布局建议。

竞争市场：

关注政策导向下的竞争市场，关注"一带一路"沿线国家的市场准入和目前的市场环境。分析本国申请人和国外申请人的专利布局，给出针对性的市场建议。

（2）获得竞争对手的专利分析方法包括：

1）根据技术细分优势获得竞争对手。行业领先者会申请数量较多的专利来保持其在技术上的领先地位，通过进一步对细分领域专利申请情况的研究能够突出反映竞争对手真实的技术优势，在众多的竞争对手中，为自身的定位找到合理的位置。

2）通过了解重点申请人的市场行为，从合作申请的角度在一些交叉领域或者承接产业链上下游的位置看到共同的申请人，进而绘制出申请人合作网络，合作申请人数量越多、合作申请人的类型越丰富，也就凸显出申请人的重要地位和市场位置。

3）通过梳理重点申请人的有效专利权和专利攻防行为，也可以获得潜在竞争对手。有效专利权的维持和专利攻防表现积极的申请人，往往是这个领域为占领市场表现活跃的申请人。

（3）获得企业竞争模式的专利分析方法包括：

1）通过对企业在重点技术上的专利技术路线和专利布局进行分析，结合该技术领域的整体情况，可以了解企业是如何利用专利从多维度保护自己的重点技术，获知企业在这种技术上的竞争模式。

2）通过对企业的专利合作申请的共同申请人、数量、时间、技术领域分布等进行有效分析，可以揭示企业的技术研发方式和发展策略，进而发现企业的竞争模式。

（4）获得竞争优势的专利分析方法包括：

1）通过对技术领域涉及的专利申请进行分析，绘制技术路线图，能够理清该技术的发展概况、主要技术路径和关键技术节点的专利布局情况，为企业的技术研发和专利布局提供决策依据，帮助企业获得该领域的竞争优势。

2）通过绘制技术领域的技术功效图，可以帮助企业寻找解决具体技术问题的专利技术、技术空白点、研发热点等，从而能够有效地规避技术雷区、发现潜在的研发方向、缩短技术研发时间、最终力争获得竞争优势。

3）通过分析竞争对手的专利申请和布局，企业能够做到知己知彼，进而根据竞争对手的情况及时调整自身的研发和专利布局策略，采取针对性措施，帮助企业在激烈的市场竞争中，避免受制于他人，抢占竞争优势。

第4章 服务于产权保护的专利分析方法

4.1 专利保护目标市场分析法

专利数据和经济数据都是分析产权保护所必需的两类数据，只有结合了专利数据和经济数据的分析，才能获得全面、可靠的分析结论。

4.1.1 利用专利数据的市场分析

（1）市场地位分析

通过分析各个地区受理专利的情况，来分析某一技术领域各个地区的市场地位。

【案例4-1】减缓气候变化技术的主要市场分析❶

图4-1显示了1995~2011年，CCMTs领域的专利申请寻求保护的国家或地区。CCMTs领域的专利申请量所有国家或地区都是呈上升趋势。欧洲是全球CCMTs专利申请的主要目的地，日本紧随其后。美国是CCMTs专利申请的另一个主要目标国，中国和韩国在2000年以后的增长率尤其令人印象深刻。除了上述5个国家和地区以外，其他地区似乎是不太有吸引力的目的地。

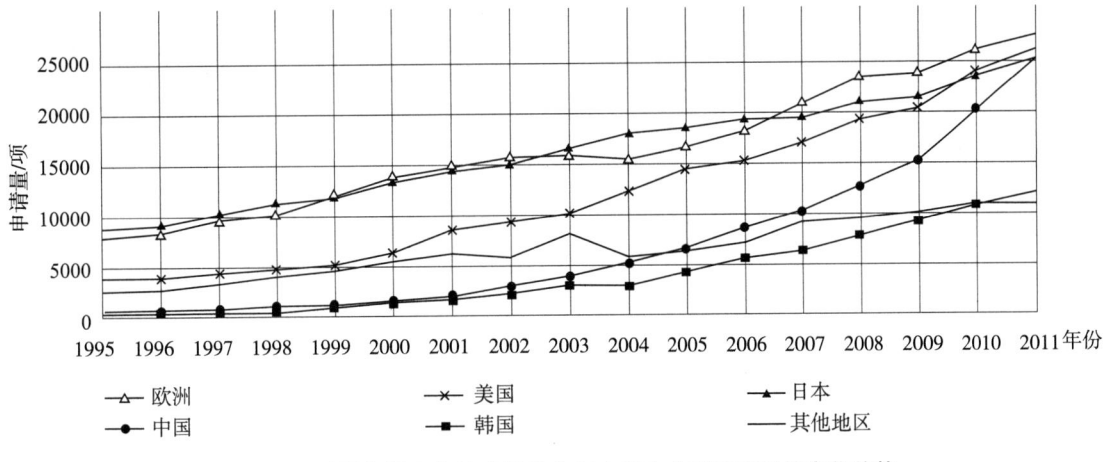

图4-1 减缓气候变化技术相关专利申请在主要受理局的变化趋势

---

❶ United Nations Environment Program（UNEP），European Patent Office（EPO）. Climate change mitigation technologies in Europe evidence from patent and economic data [EB/OL]. [2018-07-05]. www.epo.org/climate-europe.

不同技术之间的目标市场排名差异很大，因此本报告对光伏能源（photovoltaic energy）和风能（wind energy）的目标国情况作了进一步分析，如图4-2和图4-3所示。日本是光伏能源专利申请的主要目的地，其次是美国，而欧洲是风能专利申请的主要目的地，遥遥领先于中国。总的来说，所有5个国家或地区的申请数量都比2006年大幅增加。

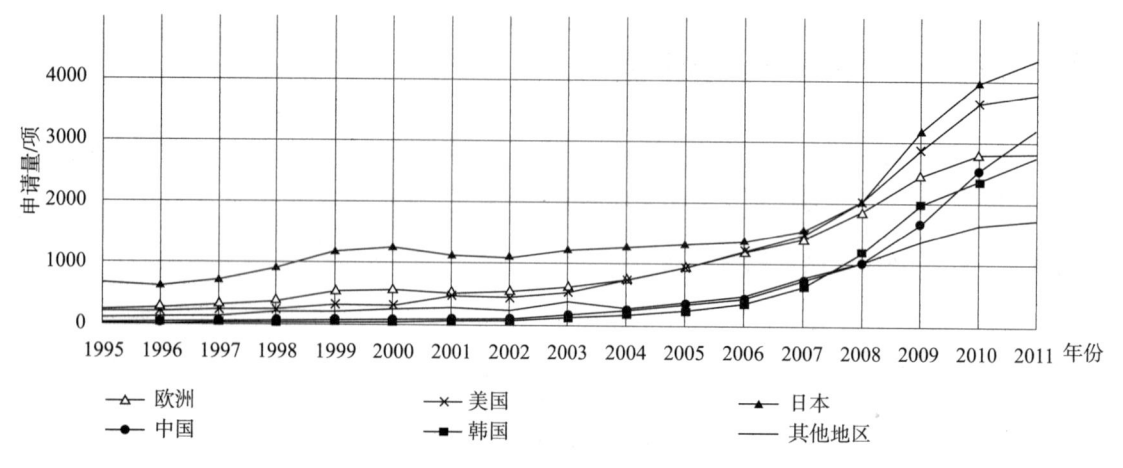

图4-2　光伏能源相关专利申请在主要受理局的变化趋势

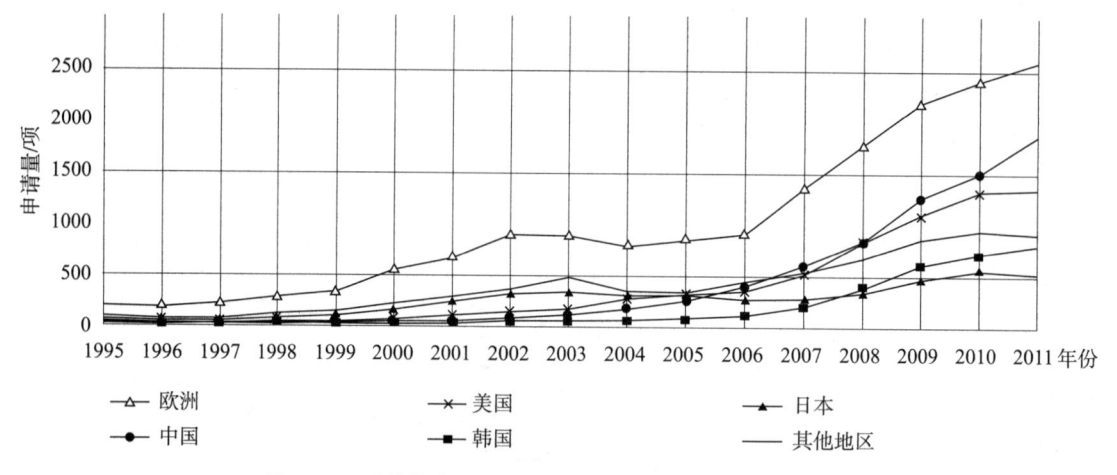

图4-3　风能技术相关专利申请在主要受理局的变化趋势

（2）目标市场有效专利分析

【案例4-2】减缓气候变化技术的欧洲市场有效专利分析[1]

通过上面的案例对减缓气候变化技术的目标市场分析，发现欧洲是该技术的主要

---

[1] United Nations Environment Program（UNEP），European Patent Office（EPO）．Climate change mitigation technologies in Europe evidence from patent and economic data［EB/OL］．［2018-07-05］．www. epo. org/climate-europe.

目标市场之一，又因为该报告主要是为了研究欧洲的相关专利情况，因此在该报告中进一步分析了欧洲市场的有效专利状况。

图 4-4 显示了 1995~2011 年欧洲的 37 个国家中减缓气候变化技术领域授权专利的数量比较。这些授权专利包括由该国家直接授予的专利和由 EPO 授予的欧洲专利。图中第一列柱形表示所有在欧洲市场中被各国专利局或 EPO 授权的专利数量。在这些专利中，有超过 50% 的专利申请获得了德国的专有权，可以看出德国是减缓气候变化技术在欧洲最大的市场。约 30% 的专利申请获得了法国的专有利，获得英国专利权的专利申请的比例稍低，而在西班牙、奥地利或意大利，该比例则不到 20%。

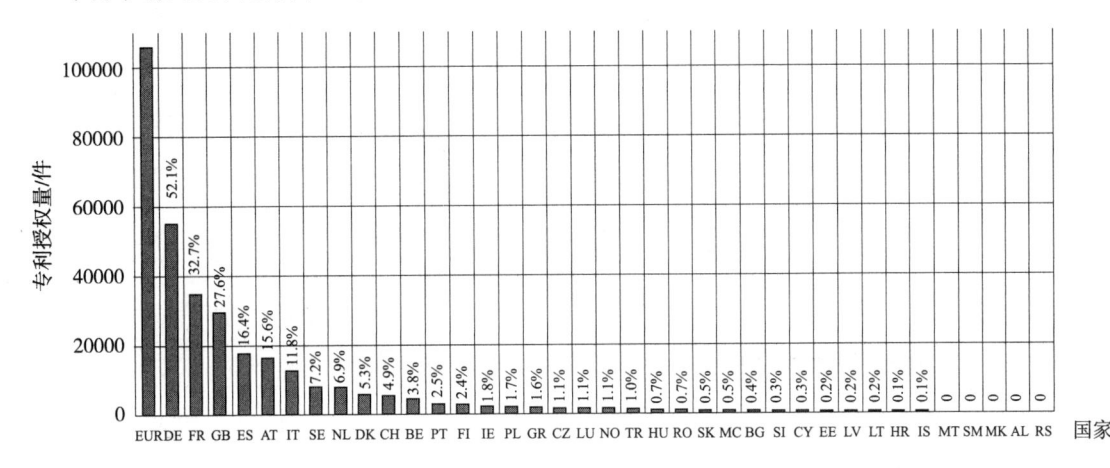

图 4-4 欧洲各国减缓气候变化技术的有效专利数量（1995~2011 年）

如果只分析由 EPO 授权、在欧洲各国有效的专利，也能得出相似的结果，如图 4-5 所示。

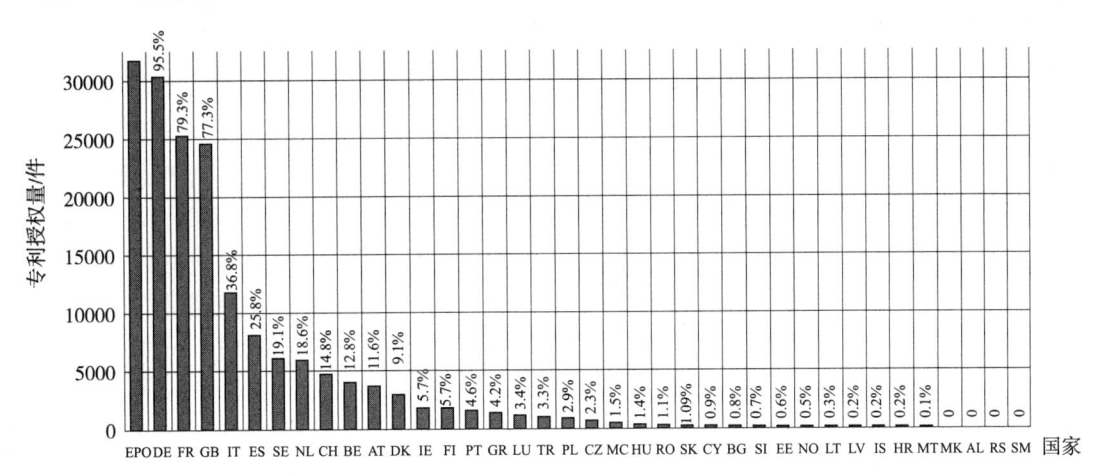

图 4-5 由 EPO 授权的欧洲各国减缓气候变化技术的有效专利数量（1995~2011 年）

（3）目标市场的专利申请来源国

还可以通过分析某一目标市场的专利申请来源国来分析该市场上的主要竞争对手。

【案例 4-3】 减缓气候变化技术的欧洲市场主要申请来源国分析❶

在欧洲国家中，德国、法国和英国是主要的欧洲专利申请来源国（向 EPO 申请或向欧洲各国申请）。美国、日本和韩国的创新者也挤进了欧洲申请来源国的前十位，如图 4-6 所示。在欧洲申请中，中国申请人仍然较少。

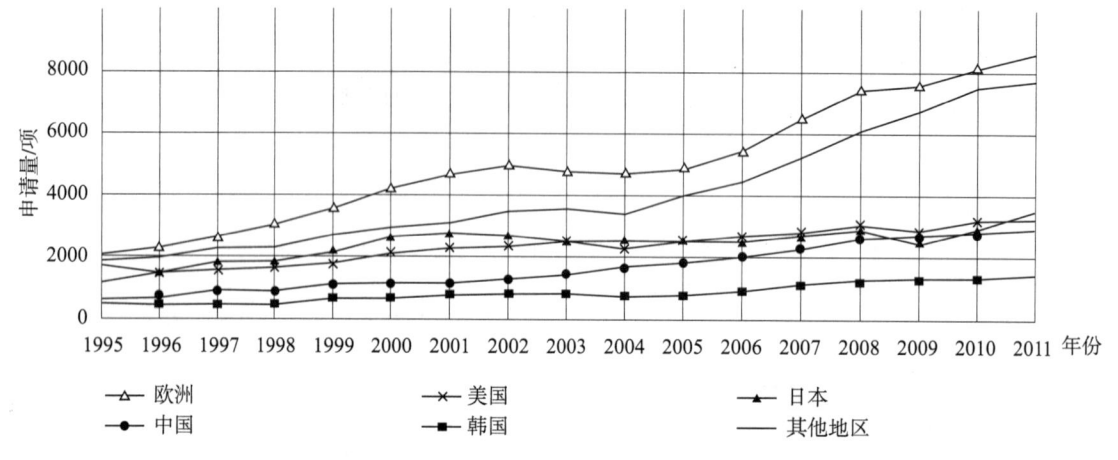

图 4-6　主要国家向欧洲提交的减缓气候变化技术相关专利申请量趋势（1995~2011 年）

（4）目标市场的专利申请去向

对某一目标市场进行分析时，除了分析该目标市场上专利的法律状态（有效专利数量）及申请来源国之外，还可以为目标市场中的创新者寻找技术的出口去向，也就是为目标市场的创新者寻找专利申请的去向。

【案例 4-4】 减缓气候变化技术的欧洲市场创新者的专利申请去向分析❷

近一半的欧洲减缓气候变化技术相关专利申请只有 1 个专利族，即仅向一个专利局提交申请，通常来说是向 EPO 或德国专利商标局提交。这就意味着，另外的超过一半的申请都至少向 2 个专利局提交了申请。专利族中同族数量反映出专利的重要程度。欧洲专利申请的分布也严重不平衡。只有 13% 的专利申请向 5 个以上国家的专利局提交了申请，仅有 2% 的发明创造向 10 个以上的国家的专利局提交了申请，如图 4-7 所示。

图 4-8 显示了所有欧洲申请人在减缓气候变化技术领域相关专利申请的全球去向。图中第一根柱子显示了该领域欧洲申请人申请的总量。意料之中的，97% 的欧洲申请都在欧洲寻求保护。EPO 是最主要的受理局，紧跟其后的是德国专利商标局。但是欧洲申请人也明确的要进入全球市场，因为排在第三的就是美国专利商标局，其后是中国国家知识产权局、日本特许厅，再其次是加拿大、澳大利亚和韩国知识产权局。

---

❶❷ United Nations Environment Program (UNEP), European Patent Office (EPO). Climate change mitigation technologies in Europe evidence from patent and economic data [EB/OL]. [2018-07-05]. www. epo. org/climate-europe.

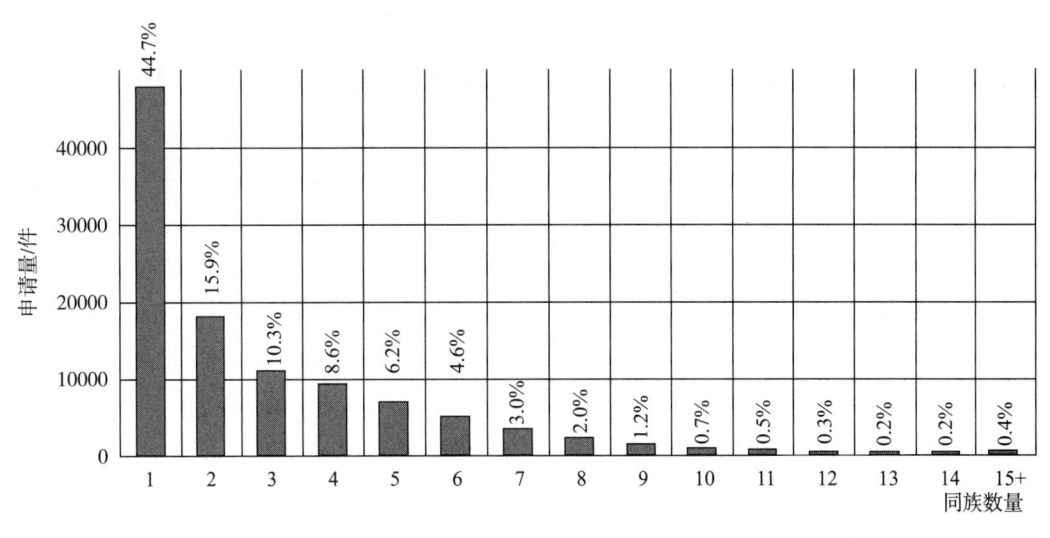

图 4-7　欧洲申请人申请的减缓气候变化技术相关专利申请的同族数量分布（1995～2011 年）

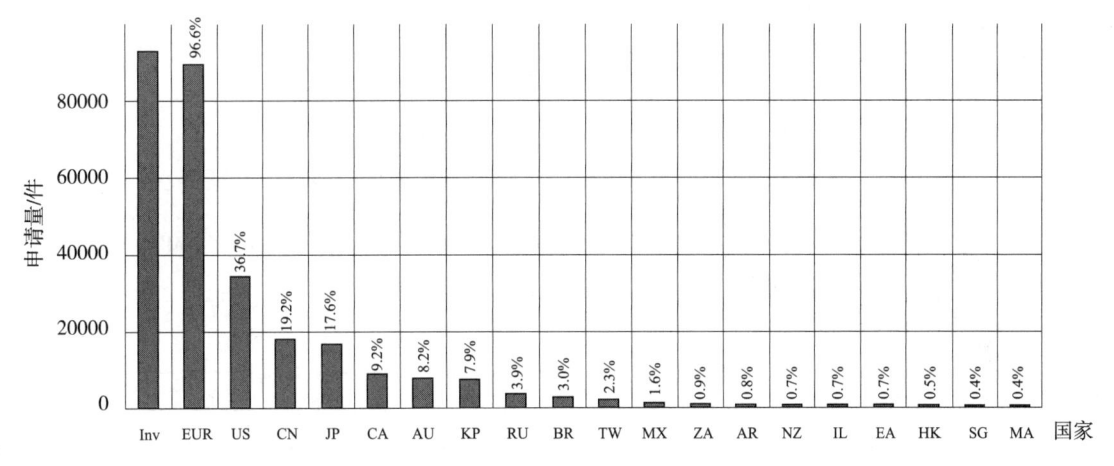

图 4-8　欧洲申请人申请的减缓气候变化技术相关专利申请的全球去向（1995～2011 年）

4.1.2　利用经济数据的市场分析

（1）全球贸易和外商直接投资（FDI）

国际贸易已经成为企业获得投资回报的主要渠道。当一个国家引进了相关机器或设备时，其实也就能够一定程度上获知该机器或设备中所蕴含的技术。当地的企业可以对这些机器或设备进行反向工程，从而通过这种贸易的业务关系，从机器或设备的来源公司获取相关技术和智慧。

与全球贸易相似，外国直接投资也是国际技术扩散的主要渠道。一些研究发现证据表明，跨国企业将企业专有技术转让给它们在合资企业中的外国子公司或合伙人。外国直接投资通常比商品交易引起更多的知识和技术转移。许多研究发现，外商直接投资在提高国内制造业生产率水平和增长速度方面具有显著的效果。

因此，对于全球贸易和外商直接投资的研究有助于梳理技术的流向情况。

【案例4-5】减缓气候变化技术的欧洲市场创新者的专利申请去向分析[1]

1）货物进出口情况

从出口情况看，1995～2013年，减缓气候变化相关的货物的贸易量显著增加。特别是近几年来，中国的相关货物出口量显著增加。欧洲作为一个整体，CCMTs相关货物出口的第二大经济体，超过美国和日本，如图4-9所示。

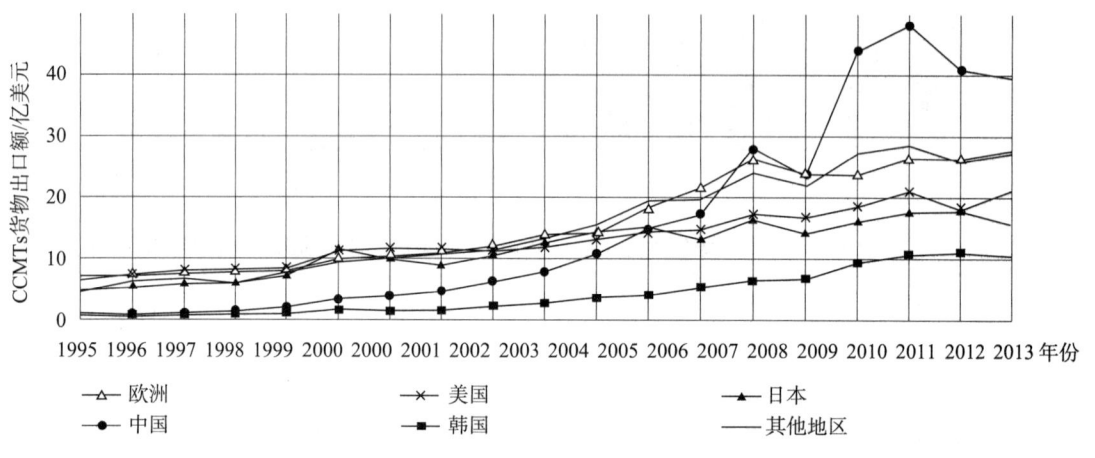

图4-9 减缓气候变化技术相关货物出口额随时间变化趋势（1995～2013年）

从进口情况看，自20世纪90年代中期开始，欧洲也是全球最大的CCMTs货物进口地区。紧跟其后的是美国、中国，如图4-10所示。

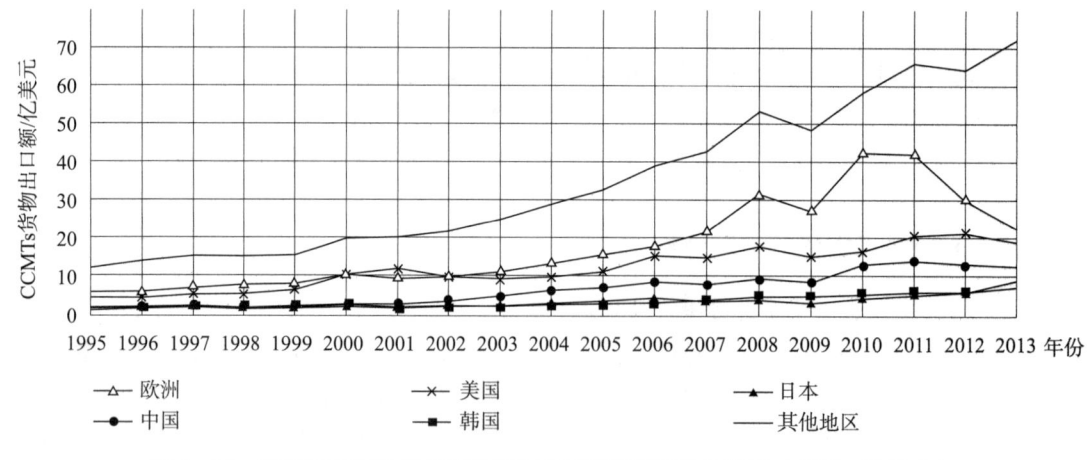

图4-10 减缓气候变化技术相关货物进口额随时间变化趋势（1995～2013年）

分析比较这一段时期各国家或地区的进出口情况，可以看出，日本、中国是

---

[1] United Nations Environment Program（UNEP），European Patent Office（EPO）. Climate change mitigation technologies in Europe evidence from patent and economic data［EB/OL］.［2018-07-05］. www.epo.org/climate-europe.

CCMTs货物的净出口国，而欧洲，特别是2008~2012年，成为一个净进口国，如图4-11所示。

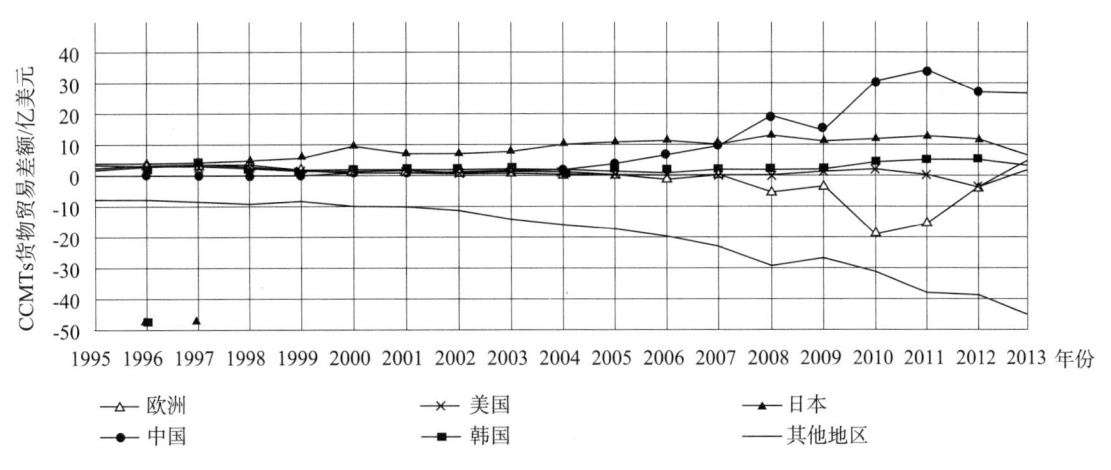

图4-11 减缓气候变化技术相关货物在主要国家或地区的进出口平衡情况（1995~2013年）

欧洲近段时间以来对CCMTs货物的进口量的增加，其可能的原因是由于欧洲国家关税下降导致的。在同一时期，出口的关税也有所下降，但是并不明显，如图4-12所示。

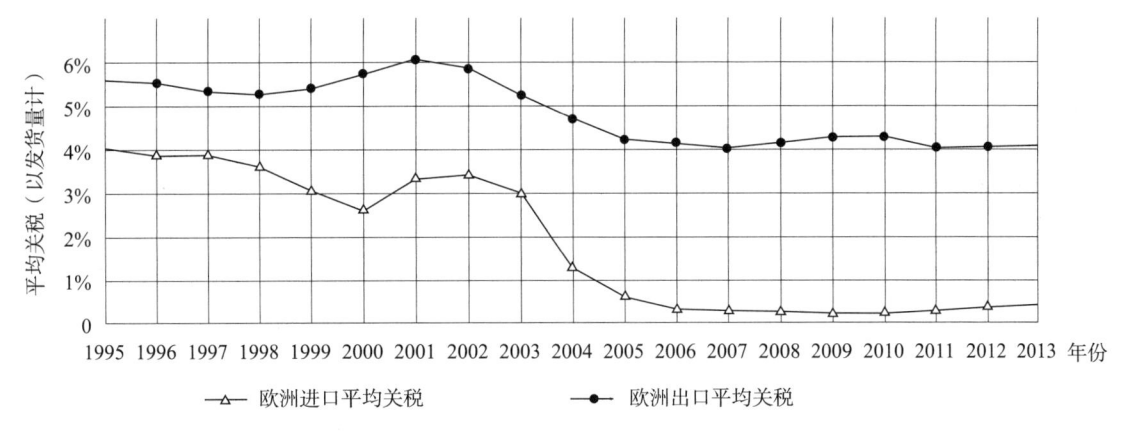

图4-12 欧洲减缓气候变化相关货物的进口和出口平均关税变化情况（1995~2013年）

2）外商直接投资

减缓气候变化技术中的外商直接投资是通过申请气候变化减缓技术专利的公司的子公司数量来衡量的。

2012年，欧洲既是主要的外商直接投资的目的地也是主要的来源地，其次于美国。与贸易活动的情况相反，欧洲在外商直接投资上是净供给者，而中国则是净接受者（见表4-1）。

表 4-1　各地区在减缓气候变化领域投资的子公司（2012 年）　　　　单位：家

外商直接投资来源地		外商直接投资目的地	
欧洲	20558	欧洲	13761
美国	19943	美国	9920
日本	9343	中国	5380
韩国	842	日本	1530
中国	563	韩国	1002
其他地区	6718	其他地区	26374

(2) 目标市场外部贸易及外商直接投资

【案例 4-6】减缓气候变化技术的欧洲外部贸易及外商直接投资[1]

欧洲的 CCMTs 资本货物的主要出口目的地在美国，欧洲往美国的出口量是欧洲往其他国家出口量的 3 倍。而欧洲进口货物主要来自中国，其次是美国和日本，如图 4-13 和图 4-14 所示。

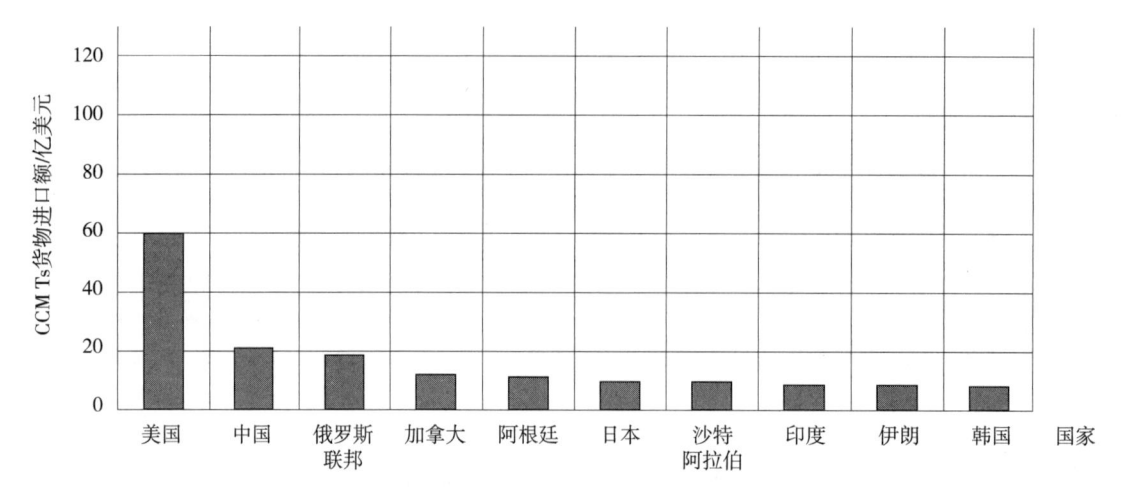

图 4-13　欧洲出口减缓气候变化相关货物的目的地（1995~2013 年）

纵观全球气候变化减缓技术相关企业的外国直接投资分布，欧洲似乎是投资的主要来源。欧洲外商直接投资的目的地与出口货物的目的地几乎一致，欧洲出口货物主要接受地是美国，其进口量几乎是中国和俄罗斯的 2 倍，这 3 个国家或地区的外商直接投资额也排名前三位，如图 4-15 所示。

---

[1] United Nations Environment Program (UNEP), European Patent Office (EPO). Climate change mitigation technologies in Europe evidence from patent and economic data [EB/OL]. [2018-07-05]. www.epo.org/climate-europe.

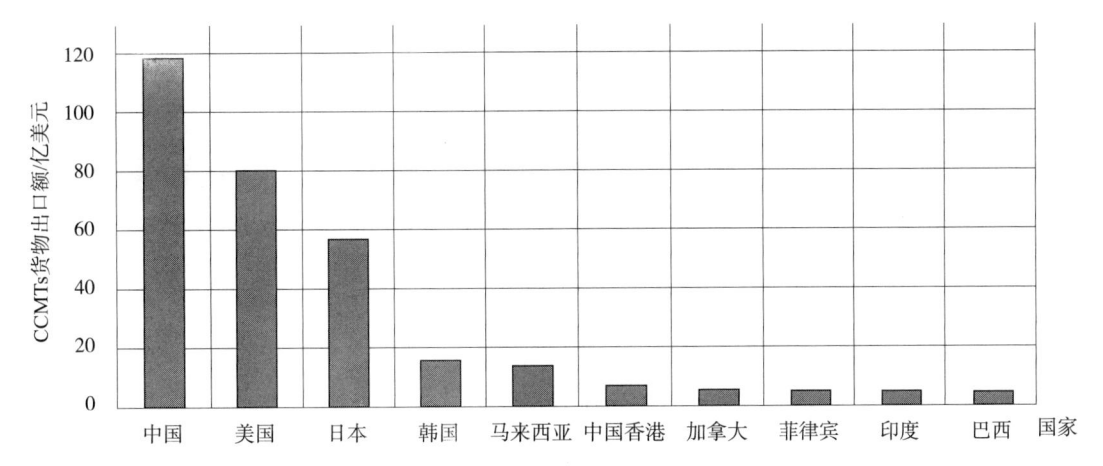

图 4-14　欧洲进口减缓气候变化相关货物的主要来源国家或地区（1995~2013 年）

From	To	Number of subsidiaries
United States	Europe	9382
Europe	United States	5142
Europe	Latin America	3637
Latin America	Europe	137
Europe	Rest of Asia	3124
Rest of Asia	Europe	264
Japan	Europe	2472
Europe	Japan	771
Europe	China	2150
China	Europe	142
Europe	Africa	1853
Africa	Europe	30

From	To	Number of subsidiaries
Europe	Canada	778
Canada	Europe	542
Europe	Oceania	878
Oceania	Europe	342
Europe	Russia	1145
Russia	Europe	19
Europe	India	722
India	Europe	196
Europe	Korea	358
Korea	Europe	235

图 4-15　欧洲及其外部合作伙伴的外商直接投资（2012 年）

（3）目标市场内部贸易和外商直接投资

【案例 4-7】减缓气候变化技术的欧洲内部贸易及外商直接投资[1]

在减缓气候变化技术领域，德国既是对其他欧洲国家的主要出口国，也是欧洲其他国家进口气候变化相关产品的主要进口国，如图 4-16、图 4-17、图 4-18 所示。德国的出口量和进口量至少是其他欧洲国家的 2 倍。

在其后的 8 个国家中，出口量与进口量大致保持平衡。唯一的例外是在风能领域具有技术领先优势的丹麦，其作为净出口国排名第二位。意大利、土耳其和英国则是明确从其他欧洲国家净进口减缓气候变化技术相关货物。

---

[1] United Nations Environment Program（UNEP），European Patent Office（EPO）. Climate change mitigation technologies in Europe evidence from patent and economic data [EB/OL]. [2018-07-05]. www.epo.org/climate-europe.

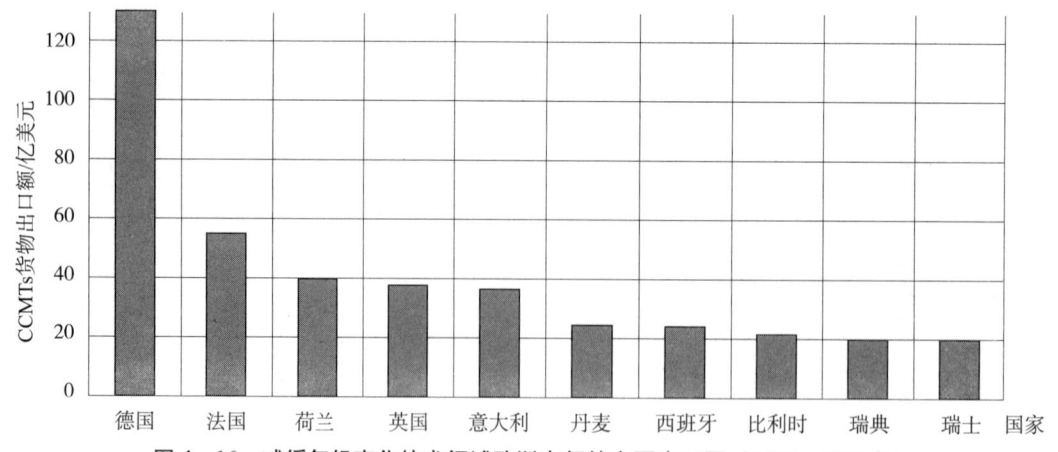

图 4-16　减缓气候变化技术领域欧洲内部的主要出口国（1995~2013 年）

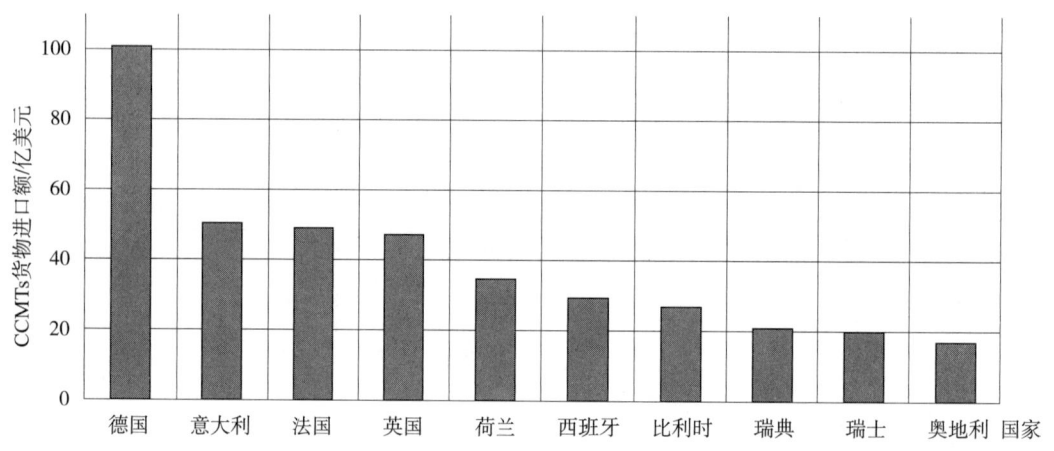

图 4-17　减缓气候变化技术领域欧洲内部的主要进口国（1995~2013 年）

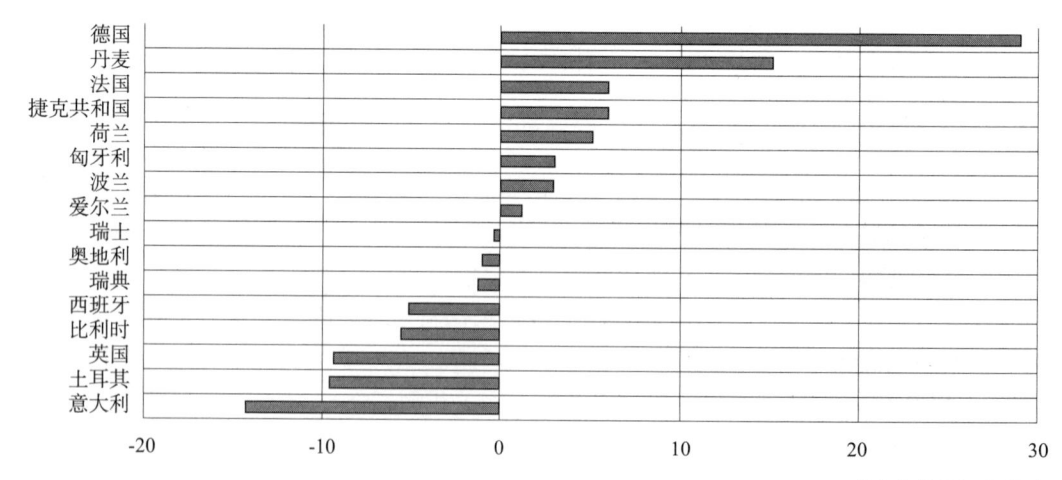

图 4-18　减缓气候变化技术领域欧洲各国的进出口平衡值（1995~2013 年）

在 CCMTs 领域，欧洲主要的外商直接投资目的地是英国、德国。法国是英国的主要投资者，德国位居第二位，如图 4-19 所示。

From	To	Nr of subsidiaries	From	To	Nr of subsidiaries	From	To	Nr of subsidiaries
FR	GB	1249	DE	IT	422	DE	NL	357
GB	FR	138	IT	DE	211	NL	DE	48
DE	GB	1122	FR	IT	360	SE	DE	214
GB	DE	252	IT	FR	234	DE	SE	191
FR	DE	653	DE	ES	466	DE	CZ	386
DE	FR	602	ES	DE	110	CZ	DE	6
CH	DE	410	FR	ES	396	IT	GB	324
DE	CH	385	ES	FR	152	GB	IT	51
DE	AT	469	FR	BE	281	DE	PL	346
AT	DE	170	BE	FR	142	PL		5

图 4-19 减缓气候变化技术领域欧洲各国间的外商直接投资（2012 年）

4.1.3 专利活动、贸易和外商直接投资之间的关系

通过将专利活动、贸易和外商直接投资的数据放在一起比较分析，可以得出该技术与贸易及外商直接投资活动的紧密程度。

【案例 4-8】减缓气候变化技术的欧洲专利活动、贸易和外商直接投资的综合分析❶

图 4-20 比较了减缓气候变化技术领域全球所有国家的专利申请量和货物进口量的关系，图 4-21 比较了减缓气候变化技术领域全球所有国家的专利受理量和外商直接投资额的关系（欧洲被计算为一个国家）。

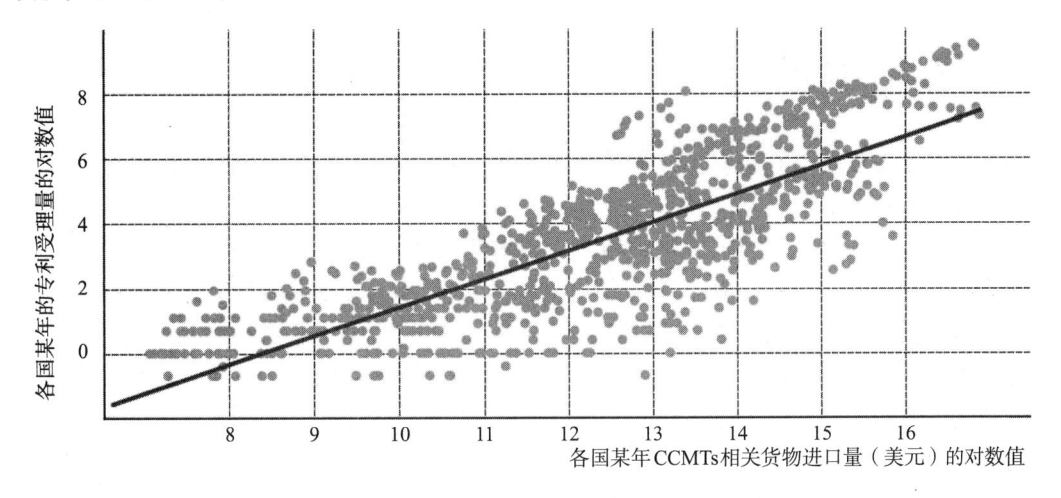

图 4-20 减缓气候变化技术领域全球所有国家的专利申请量和货物进口量的关系

---

❶ United Nations Environment Program (UNEP), European Patent Office (EPO). Climate change mitigation technologies in Europe evidence from patent and economic data [EB/OL]. [2018-07-05]. www.epo.org/climate-europe.

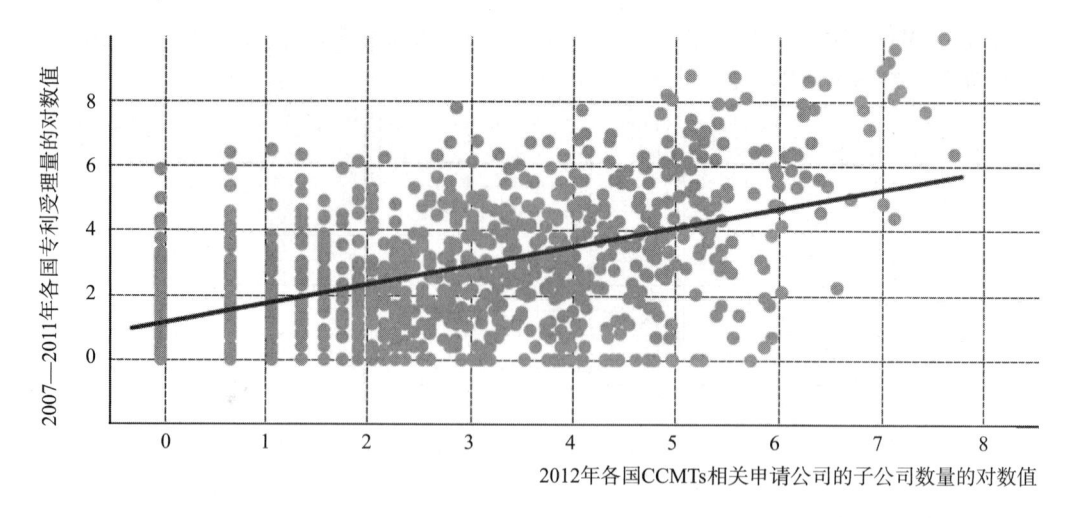

图 4-21　减缓气候变化技术领域全球所有国家的专利受理量和外商直接投资的关系

在图 4-20 中，Y 轴为各国某一年份专利受理量的对数值，X 轴为各国某一年份的 CCMTs 相关货物的进口量的对数值。

在图 4-21 中，Y 轴为各国在近 5 年间（2007～2011 年）的专利受理总量的对数值，X 轴为该国在 2012 年外商直接投资存量的对数值。

从两张图中都可以看出专利受理量与进口货物量以及外商直接投资存量之间的正相关关系。在减缓气候变化领域的贸易和外商投资都是主要的国际技术扩散的渠道，都更倾向于在目标市场国家或地区寻求专利保护。

4.2　专利布局分析法

关于专利布局的概念很多，目前还没有统一的说法：有人认为专利布局是一个具有目的性的专利组合过程，其中专利组合形态包括技术标的组合、空间组合、时间组合、申请模式组合与不同技术领域组合；也有人认为专利布局是指以技术的原始创意为依据所衍生的关系专利分布，技术上发展更绵密的专利技术项目，进行系统地构思与建构专利标的，使竞争者无法进入；还有人认为专利布局主要指国家或企业如何就技术领域、保护范围、竞争对手等因素进行专利申请的专利战略，其目的是争取引导政府或企业的研发方向，提高研发效率，在保护自己的同时抑制竞争对手的技术和市场优势。[1]

针对专利布局的分析方法有很多。下面从微观产品的专利布局角度，梳理具体的专利布局分析方法。

---

[1] 尹超群. 云服务的专利布局分析：兼论中国云服务产业的专利申请策略 [D]. 湘潭：湘潭大学，2013.

4.2.1　传统专利布局理论分析法

瑞典的 Ove Granstrand 教授指出专利布局策略主要包括以下 6 种专利布局模式。

（1）特定的阻绝与回避设计

特定的阻绝是指仅用一件或少数几件专利来保护特定用途的发明；回避设计是指专利工程师采用不同于已知专利保护的技术方案，设计新的规格、性能、手段等，从而避开他人某项目具体专利权的保护范围。

（2）策略型专利

策略型专利是一件具有较大阻绝功效的专利，像是某特定产品领域所必需的技术或是路障性专利等，具有阻碍性高、无法回避设计的特点。

（3）地毯式专利布局

如果没有绝佳的策略型专利，则可以形成类似于布雷区的地毯式专利布局，例如有系统地在每一步骤中用专利来形成"地雷区"，以阻断竞争者进入。

（4）专利围墙

专利围墙是利用系列式的专利形成对竞争对手研发的阻碍，例如一项与化学相关的发明，将其化学方程式、分子设计、几何形状、温度等范围的变化都申请专利保护，形成一道围墙，以防止竞争对手有任何缝隙刻意回避。

（5）包绕式专利布局

以多个小专利包绕着竞争对手的重要专利，这些小专利本身价值性或许不高，但其组合却可以阻碍竞争对手重要专利有效的商业应用。

（6）组合式专利布局

以各种结构和方式形成网络组合式的专利布局，从而强化技术保护的强度或成为谈判有利的筹码。

根据上述专利布局理论，分析产品的专利布局类型，进而得出应对方案。然而上述理论基本是从技术角度的分析，没有考虑商业价值，而对专利布局的分析还应加入更多视角。

4.2.2　四要素理论分析法

专利布局的四要素理论为：以技术、时间、空间和主体 4 个要素为分析对象，通过分析 4 个要素之间的组合关系，对已有专利布局进行分析，从而为未来的专利布局提供参考，其主要包括以下两种分析方法❶。

（1）二维布局分析

将技术要素与其他 3 个要素中的一个进行组合，就形成了二维专利布局分析。这会形成 3 种分析类型：

技术与时间分析维度，将技术与时间结合进行专利布局分析，其表现为专利的时

---

❶ 马天旗. 专利分析：方法、图标解读与情报挖掘［M］. 北京：知识产权出版社，2015.

间分布。分析者可以知晓产品在特定时间范围内的专利布局密度，以及该产品的发展趋势。

技术与空间分析维度，将技术与空间（地域或市场）结合进行专利布局分析，可以得到专利的地域分布情况。分析者可以知晓产品在特定空间范围内的专利布局密度，以及该产品的市场布局情况。

技术与主体分析维度，将技术与主体结合进行专利布局分析，其表现为专利的专利权人分布情况。分析者可以知晓产品的专利权人布局密度，以及该产品的主要竞争者。

（2）三维布局分析

将技术要素与空间、时间、主体3个要素中的任意2个进行组合，可以获得3种不同的三维布局分析：

技术、时间与空间分析维度，将技术与时间、空间结合进行专利布局分析，其表现为专利技术在时空两个维度上的分布情况。分析者可以获得产品在特定时间段、特定市场的专利布局密度，还可以看出产品随着时间在各市场之间的转移情况。

技术、时间与主体分析维度，将技术与时间、主体结合进行专利布局分析，可以得到专利技术在时间、专利权人两个维度上的分布密度。分析者可以知晓产品在特定时间段在专利权人之间的布局密度，以及不同的竞争者随着时间的变化进入或离开该产品领域的情况。

技术、空间与主体分析维度，将技术与空间、主体结合进行专利布局分析，可以得到专利技术在空间和专利权人两个维度上的分布情况。分析者可以获得产品在特定市场在专利权人之间的分布密度，以及产品的不同的竞争者已经进入或想要进入市场情况。

4.2.3 布局力度分析法

在分析专利布局策略时，还要考虑在某种布局策略下的布局力度。所谓布局力度主要考察布局密度和布局强度这两个指标。布局密度就是各种专利布局策略分析方法中，那些用来表征专利布局密集程度、能够定量化指标的值，是定量专利分析的重要内容；布局强度是从定性分析的角度，综合考虑各方面因素，从而将定性的内容通过某种统一的基准，转变为可以定量化的值，是定性分析的重要内容。❶ 专利布局力度不足，则可能很容易被攻破；专利布局力度合适，则能很好地平衡专利布局的目的和布局成本。

4.2.4 专利组合分析模型

专利组合分析模型可以用于比较专利布局的综合实力，分析不同产品的专利布局情况和布局优势，据此制定相应的研发布局策略，指导科研项目全过程的知识产权管理。在立项阶段进行战略布局，预先部署；在结题阶段保护和应用布局，对已有专利

---

❶ 马天旗. 专利分析：方法、图标解读与情报挖掘 [M]. 北京：知识产权出版社，2015.

布局进行评价，对未来专利布局进行规划，以提高专利布局保护、应用和实施的效率。❶

该方法包括维度模型设计、评价模型构建、评价指标体系构建、分析及可视化等步骤，其中评价指标包括：专利申请数量、发明专利数、专利授权数、地域保护范围、技术保护范围、授权后第 N 年维持数量、专利许可权属转移率、科学关联度和平均被引频次等。

4.3 产品专利保护的布局分析法

针对产品的专利分析属于微观层面上的专利分析。当前，跨国企业正在利用专利布局战略来瓜分和占领中国市场，其制约中国本土企业发展的手段之一就是采用"跑马圈地"的方式，在产品进入中国市场之前提前进行专利布局，形成专利包围圈，使中国企业陷入专利陷阱中。面对严峻的专利竞争态势，我国企业应了解所在领域的专利布局，分析专利申请方向，发现有关专利进入目标市场的时间、规模等信息，探测专利涵盖的范围，推断重点关注的国家或地区，以及竞争对手的主要专利战略等信息，为企业的技术创新提供市场导向和决策支持。但隐含着技术和市场信息的专利布局并不是以预先包装好的形式呈现的，需要通过一定的技术手段挖掘之后才能加以识别。

针对不同的产品专利保护布局分析目的，需要使用不同的专利布局分析方法。

当分析目的为获得目标产品的发展布局趋势时，可以进行技术-时间专利布局分析，以得到产品在特定时间范围内进行专利布局的密度，如果产品的专利布局密度持续增大，那么企业需要主动参与到这场专利竞赛中；也可以进行技术-时间-主体专利布局分析，获得不同的竞争者随着时间的变化进入或离开该产品领域的情况。

当分析目的为获得产品目标市场布局时，可以进行技术-空间布局分析，以获得产品在各地区市场内的专利布局密度；也可以进行技术-空间-主体专利布局分析，以获得在全产业链上的地区分布和主体企业分布情况。

当分析目的为获得产品生产者的情况以及各生产者之间技术布局或合作、竞争态势时，可以进行技术-主体专利布局分析、技术-空间-主体专利布局分析和技术-时间-主体专利布局分析，以获得产品生产者在产业链上的分布情况，以及各生产者在专利布局上的相互关系。例如，"意向协作式布局"，即产品生产者形成默契，在产业链中分别承担不同的角色；"非意向协作式布局"，即产品生产者之间没有默契。

下面以两个产品的专利布局分析案例来说明专利布局分析的应用。

（1）宝马汽车中使用的碳纤维复合材料技术-主体布局分析

分析流程：确定技术分支—确定市场主体—检索获取专利文献—按技术分支标引专利文献—绘制技术主体布局图标。

---

❶ 李姝影，方曙，许海云. 面向科研机构专利布局的专利组合分析模型及实证研究［J］. 情报杂志，2016，35（7）：132-138.

汽车用碳纤维复合材料产品的产业链划分为上游、中游和下游，其中上游为：化工原料及助剂、树脂及其组合物、碳纤维原丝、碳纤维及碳纤维束；中游为：碳纤维织物、结构设计、成型工艺、复合材料的制备装置、复合材料的连接方法、复合材料的质量检测方法；下游为：汽车部件、复合材料修补、回收利用。具体涉及的申请人为三菱丽阳、西格里、宝马。

图4-22显示了三菱丽阳、西格里、宝马在汽车用碳纤维复合材料产品的专利技术布局情况。可以看出，三菱丽阳比较注重产业链上游的专利布局，申请涉及的主题包括制造碳纤维原丝用的化工原料及助剂、制造碳纤维复合材料需要的树脂组合物、碳纤维原丝、碳纤维及碳纤维束、碳纤维织物、复合材料的结构设计、成型工艺及少量汽车部件。西格里对于产业链上游的化工原材料等几乎没有涉及，申请主要集中在碳纤维复合材料的结构设计、成型工艺及汽车部件领域。宝马作为整车厂商，其专利申请并没有只是关于汽车部件，也有关于碳纤维束、碳纤维织物的申请；另外宝马还有大量申请涉及复合材料的连接方法、复合材料的质量检测方法、复合材料的回收利用和修补。

由此可以看出，这3家企业分别布局产业链的上游、中游、下游，其在技术链上优势互补，为它们的合作奠定了基础。

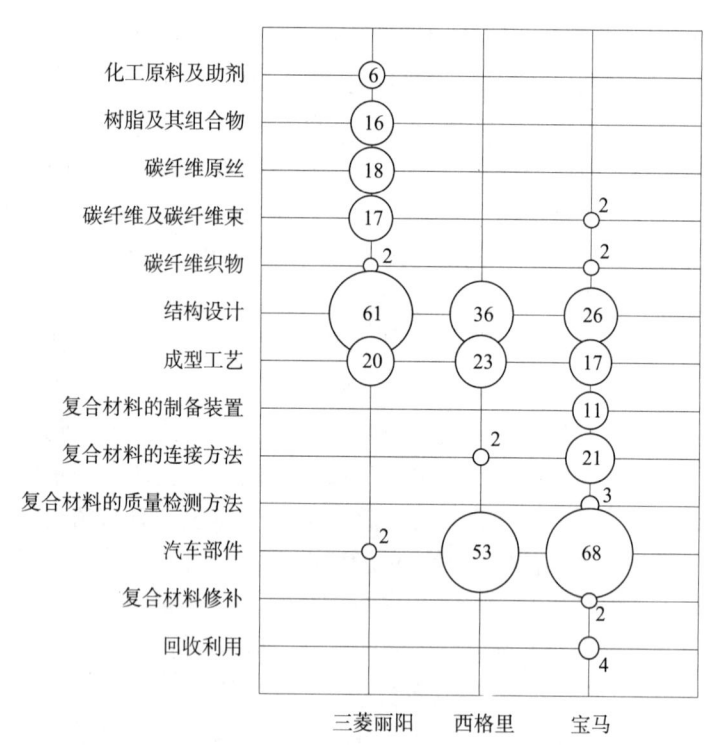

图4-22 三菱丽阳、西格里、宝马在汽车用碳纤维复合材料领域的专利布局

注：图中数字表示申请量，单位为项。

(2) 宝马汽车中使用的碳纤维复合材料技术 - 主体 - 空间布局分析

分析流程：确定技术分支—确定市场主体—检索获取专利文献—提取地域信息—按技术分支标引专利文献—绘制技术主体布局图标。

从表4-2中可以看出三菱丽阳的专利申请主要涉及产业链的上游、中游，且三菱丽阳的专利布局主要在日本，西格里和宝马则在中下游产业链中布局较多，主要在欧美市场。其布局策略与宝马的供应链相呼应，原丝生产在日本，作为原丝供应商的三菱丽阳侧重于在日本的原丝技术布局，复合材料在西格里和宝马合资的美国2T以及宝马的德国2T中制备，中下游布局则以西格里和宝马在欧美的申请为主。

表4-2 三菱丽阳、西格里、宝马在碳纤维汽车用复合材料领域的专利区域布局

单位：项

	三菱丽阳	西格里	宝马
产业链上游 化工原料及助剂 树脂及其组合物 碳纤维原丝 碳纤维及碳纤维束	美国5 墨西哥2 德国8 中国6 韩国5 日本48		欧洲3
产业链中游 碳纤维织物 结构设计 成型工艺 复合材料的制备装置 复合材料的连接方法 复合材料的质量检测方法	美国6 加拿大2 中国5 韩国4 日本69	美国22 加拿大7 墨西哥6 德国43 欧洲40 以色列1 俄罗斯4 印度5 中国8 韩国5 日本12	美国3 德国10 欧洲52
产业链下游 汽车部件 复合材料修补 回收利用	美国1 德国1 日本1	美国22 加拿大1 德国25 欧洲26 俄罗斯1 印度1 中国3 韩国5 日本12	美国1 德国7 欧洲68

4.4 专利侵权风险预警分析法

近年来，我国企业遭遇的国内专利侵权纠纷呈明显的上升趋势。2012，全国知识产权系统共办理各类专利案件9022件。其中，受理专利侵权纠纷案件2232件，同比上一年增加946件，增长73.6%。随着知识产权运用的不断深入，该数据在最近几年的增长更是惊人。

在出口方面，出口产品在进入欧美等外国市场时也常常遭遇专利围堵，使得企业如履薄冰，一旦侵权成立，涉案产品将面临禁入，涉案企业面临巨额处罚。明明是刚研发出来的新产品，却因为技术相近，被别的企业诉讼侵权，不得上市；大量的人力、物力投入创新以后，却发现最后是"竹篮打水"，甚至还要应诉侵权诉讼。专利壁垒和知识产权侵权风险是横亘在企业创新道路上的两块巨大拦路石，只有搬开这两块拦路石，才能进一步激发企业的创新活力。若想搬开这两块拦路石，就要企业在产品的开发立项、技术攻关及产品上市等全过程进行专利预警和防范侵权的管理。在专利预警和防范侵权方面，企业存在防范意识不够、处理经验不足等问题。在产品开发的全过程进行检索、分析和评价，构建预警系统，进行预控研究，对企业的知识产权管理实践具有现实指导意义。

本节针对目前专利侵权纠纷频发的问题，给出产品侵权风险预警的专利分析方法及相关的应对策略。

4.4.1 风险专利的获取

若想了解产品面临的潜在专利侵权风险，并对其给出相应的预警方案，首要一步便是获得对产品存在威胁的相关专利文献。若没有准确、全面地了解产品相关的专利情况，在此基础上的预警方案可能只是片面的，甚至是徒劳无功的。

获得目标专利文献的一般性方法便是在专利文献库中进行检索。对于为获得产品侵权风险而进行的专利检索与通常的专利文献检索相比，又有其特殊性。具体而言，就检索时间而言，由于对产品侵权风险的评估与预警贯穿于产品开发的全过程，则在创新过程中，无论是产品立项前还是技术攻关、产品上市，都需要进行相应的专利文献的搜集。首先，在立项前，通过知识产权检索分析，企业了解研发目标领域里最新的科研动态和技术现状，确定进入该产品所在技术领域面临的技术壁垒和专利壁垒。其次，在技术创新的过程中的专利检索，可以防止后续开发出现重复研究，甚至后续开发成果侵犯他人专利的情形，帮助研发人员站在别人的研究基础上充分开辟新的思维，进而提高创新的研究起点或高度，节省大量的创新研发时间，并且有效回避目前的专利技术，避免侵权行为的产生。从大量的侵权案例中发现，有些侵权行为并不是企业的主观故意，而是由于研发的过程中很多技术人员埋头创新研究、闭门造车，不了解专利技术现状造成的。最后，在产品上市阶段后期的专利检索，可以帮助企业对研究成果进行充分评估，进而帮助企业绕开专利壁垒，将可能的侵权风险尽量降低，并明确采用何种方式对研究成果进行有效保护。

就检索地域的选择而言，为获得产品侵权风险而进行的专利检索至少需要保证检索目标要盖产品的目标销售地域。

通常的检索策略对于检索数据库、检索人员及待检索技术均有一定的要求，否则很难保证检索结果的全面准确。为获得产品侵权风险而进行的专利检索可以考虑选择专利技术追踪检索策略，其检索过程相对简单，对于检索人员的专业化要求也可以适当降低，同时检索效率高。对于企业而言，专利技术追踪不仅可以帮助企业识别、跟踪主要竞争对手，了解竞争对手的技术特征和能力，判断竞争对手的市场规划与计划，还可以发现先进技术，借鉴和把握关注技术的发展脉络，有利于在市场竞争中占据后发优势。

对于企业而言，其专利技术追踪可以从以下4个方面进行着手。

(1) 追踪重点申请人

对竞争对手的新技术、新产品动态的追踪，是企业新产品开发思路收集、知识产权风险管理、产品侵权预警分析最直接有效的方法之一，且可以获得竞争对手的市场策略，发现竞争对手潜在的市场及进军国际市场的战略等信息。为了获得最终领先的技术，首先需要识别重点申请人（竞争对手）。识别竞争对手对于企业而言并非难事，通常通过简单的市场调查并辅助以简单的数据排序分析即可完成。具体的追踪方法通常可以包括以下的几个方面：

1）哪些申请人的专利技术覆盖了自身企业的专利或产品技术范畴；
2）通过专利引证关系确定需要长期技术跟踪的对象；
3）重点申请人的专利申请总量及有效专利数量；
4）重点申请人的专利申请时间段及趋势分布；
5）重点申请人的专利被关注或重视程度；
6）重点申请人的专利技术分布及发展情况；
7）重点申请人的专利申请地域构成及发展趋势；
8）重点申请人的专利交易、许可及诉讼情况。

其中，为了获得产品侵权风险相关的专利，需要特别关注竞争对手在自身公司相关产品方面的专利情况，包括专利的申请、法律状态及相关技术等。

(2) 追踪重点发明人

对于竞争对手属于业务庞杂的大型跨国公司（例如杜邦）的情况，考虑到某一项技术或者产品可能存在一些"大师"级的领军人才，其带领的研发团队代表着竞争对手在相关技术或者产品的技术发展动向，可以对所述的重点的发明人进行技术追踪，结合竞争对手从事相关领域或者重点分支的主要发明人的专利申请情况判断竞争对手在相关方面的发展方向。具体的追踪方法通常可以包括以下的几个方面：

1）专利申请情况；
2）团队的研发骨干的专利申请情况；
3）专利被哪些专利文献所引用；

4）技术演变情况。

其中，需要特别关注竞争对手中研究方向与自身公司产品方面相关的重点发明人的专利申请动向，尤其是其最近的专利技术研究重点等。

（3）追踪市场上的相关产品动向

了解市场上相关产品的情况，就是根据产品的动态变化，追踪产品相关技术的专利情况，使技术开发与市场密切关联。具体的追踪方法通常可以包括以下的几个方面：

1）市场上主要产品或者热门产品的专利法律现状；

2）市场上主要产品或者热门产品的专利技术演进情况；

3）本公司拟开发产品的同类产品的专利法律状态及专利技术演进情况；

4）最新上市产品或者下一代产品的技术发展趋势及专利布局情况。

其中，需要特别关注本公司拟开发产品的同类产品的专利法律状态及专利技术演进情况，在自身产品技术设计的过程中规避专利壁垒。

（4）追踪重点技术分支

除了上述所述3个方面外，还可以对相关产品所涉及重点技术的技术分支进行追踪。这可以帮助企业准确把握研发重点的研发方向，获得技术上的启示甚至技术突破，从而制定科学合理的研发策略。具体追踪方法可以包括以下的几个方面：

1）本企业从事研究产品涉及的核心部件或关键技术的技术演变趋势；

2）本企业从事研究产品近几年专利申请比较活跃的技术分支；

3）本企业从事研究产品的相关技术的专利交易、许可及诉讼情况。

总而言之，跟踪创新作为自主创新的模式之一，已成为专利分析的主要手段和目的之一。企业须利用专利所提供的技术情报源，分析竞争对手、市场动向及技术走向，依据企业自身的技术实力和市场定位，建立适当的产品侵权风险预警机制和体系。

4.4.2　产品侵权判定分析

在获得了风险专利之后，首先需要对所获得的专利进行全面解读，除了需要了解其专利权的拥有者、法律状态现状等基本信息外，还需要深入解读风险专利权利要求保护的范围，准确了解专利的保护范畴究竟是什么；其次，需要了解侵权判定的一般原则，将自己待开发或者已经开发的产品或者相关技术与风险专利进行比对，进行是否侵权的初步判定。需要提及的是，专利侵权判定是以专利权切实有效为前提的，已申请专利但未获得专利权的专利文献不作为侵权判定比对的对象。

（1）权利要求保护范围分析

《专利法》第59条规定："发明或者实用新型专利权的保护范围以其权利要求的内容为准，说明书及其附图可以用于解释权利要求。外观设计专利权和保护范围以表示在图片或照片中的该外观设计专利产品为准，简要说明可以用于解释图片或者照片所表示的该产品的外观设计。"显然，确定专利的保护范围不能脱离权利要求书（或照片、图片）的记载，权利要求书通常作为确定专利权保护范围的主要依据，是专利申请文件中最核心的部分。

与通常有形资产的保护范围一般是直接、明确的情况不同，专利权作为一种无形资产，其保护范围的确定本身便往往成为一个复杂的问题。正因为保护范围确认的复杂性，对权利要求保护范围的分析尤其显得必要。权利要求分析具体包含保护范围分析、撰写缺陷分析、专利权稳定性分析等多方面的内容，根据不同的需求而进行具体的选择。本小节主要着眼于权利要求保护范围的分析。

从分析的对象划分，权利要求保护范围分析包含"单件专利的保护范围分析"和"多件专利的保护范围分析"两种。多件专利的专利申请人可以是相同的，也可以是不同的。

从内容来看，权利要求保护范围的分析包括"权利要求书结构分析"以及"权利要求保护范围影响因素分析"。其中，"权利要求书结构分析"主要分析权利要求书中多项权利要求的关系、每一组权利要求保护主题之间的关联以及每一项权利要求中技术特征的数量及技术特征对保护主题的影响；"权利要求保护范围影响因素分析"是分析说明书记载的技术构思如何在权利要求中得到体现，以及专利审查过程的相关文件、证据等对于权利要求保护范围的影响。

通过对权利要求保护范围进行分析，可以充分了解权利要求保护了怎样的范围，以及尚有怎样的技术内容未被权利要求保护，有助于找出技术空白点，为后续合理设计专利侵权风险回避方案提供帮助。同时，可以为新开发的技术寻求专利保护时合理设计申请策略，从而保证获得授权提供支持。另外，分析权利要求书保护范围的影响因素，对于评估专利权的稳定性提供参考，为可能发生的侵权诉讼提供适当的应对方案。

根据分析对象及分析内容的不同，将权利要求保护范围的分析方法归纳如下。

1) 单件专利权利要求书结构分析

要从整体上对权利要求书进行把握，分析权利要求书的结构。例如，考虑权利要求书中包含了几项权利要求，其中涉及哪几项独立权利要求，其保护的主题是怎样的，并根据独立权利要求对权利要求进行分组，考察组与组之间的关系以及每一组内部权利要求的引用关系；更进一步地考察独立权利要求的技术特征数量，每一个具体技术特征如何对要求保护的主题进行限定，再分析从属权利要求对独立权利要求如何进行引用和限定。

在考察独立权利要求中技术特征对要求保护主题的限定作用时，要考虑哪些技术特征属于申请人对现有技术作出改进的、体现发明构思的关键技术特征，哪些属于本领域的一般性的通用特征；还需要考虑技术特征之间的彼此关联关系，关注哪些是解决技术问题必不可少的必要技术特征，以及权利要求中是否包含了非必要技术特征。

在权利要求数量较多、权利要求分组较多且引用关系复杂的情况下，可以通过权利要求结构图展示权利要求的分组以及彼此的关联关系。

2）单件专利保护范围影响因素分析

在对单件专利保护范围的影响因素分析时，主要考虑说明书中记载的内容及该专利审查过程中的文件或证据对权利要求保护范围的影响。这就需要阅读专利说明书、说明书附图及专利审查过程中的相关文件和证据。

首先，通过阅读专利说明书及说明书附图，准确理解申请人的发明构思。在研究发明构思时，要在充分了解现有技术的基础上，从申请要解决的技术问题出发，考察申请为解决该技术问题对现有技术作了哪些改进和创新，找出其对现有技术的主要贡献，并分析改进后的技术方案和技术效果。在对发明构思进行梳理后，需要进一步研究权利要求和说明书记载的内容进行是否匹配，考察权利要求是怎样表达发明构思、如何保护发明构思，分析权利要求与发明构思的关系，从而确认权利要求是充分保护了整个发明构思，还是只保护了发明构思的某一种实施方式，抑或只保护了一种具体的技术方案，或者权利要求并未体现发明构思的内容，与发明构思不相匹配。

其次，通过阅读审查过程的相关文件及证据，可了解在审查过程中申请人是否对权利要求的保护范围作了解释或者说明。该解释或者说明对于确定权利要求保护范围的影响，是扩大保护范围还是缩小保护范围。

3）多件专利的保护范围分析

如需分析某一项技术或者产品的多件专利的联合保护范围，可通过同族信息、关键词、引证信息等检索手段找出一系列相近主题的多件专利申请，在分别分析每一件专利的保护范围的基础上，对多件专利权利要求之间的关联进行分析，最终确定该组专利的整体保护范围覆盖情况。

需要提起注意的是，由于一件专利的权利要求来源于对说明书的高度归纳和概括，因而为理解权利要求的技术内容，参阅说明书和附图是不可避免的。在确定一件专利的保护范围时，权利要求书是直接依据，说明书和附图是理解技术的途径和"钥匙"，但这并不意味着说明书和附图应成为确定权利保护范围的一部分。

（2）侵权比对分析

在分析了存在侵权风险专利的保护范围之后，需要进一步将企业自身产品或技术与风险专利进行比对，对专利侵权风险发生与否作出初步判断。专利侵权行为包括直接侵权、间接侵权和假冒他人专利等几种。本部分的侵权比对分析主要涉及直接侵权行为，即判断被控侵权产品或方法是否落入专利权的权利要求所记载的范围。

根据《专利法》等法律的规定，发明专利、实用新型专利和外观设计专利，在专利侵权的判断规则有所不同。下面分别简述发明和实用新型专利侵权与外观设计专利侵权的判断方法，以便确认产品或方法是否存在侵犯风险专利权的事实，从而采取相应的对策。

对于产品或者产品相关技术的专利防侵权分析，要重点把握专利侵权的国际通用判定原则，即全面覆盖原则、等同原则、多余指定原则的适用、禁止反悔原则、自由公知技术抗辩原则和捐献原则等。

在具体判定过程中，在对权利要求保护范围进行充分分析的基础上，还需要提炼自身企业研发产品或技术的技术特征，为作出专利侵权与否的判断提供基础。这是由于整体技术方案的对比难度很大，不易操作。将经过分解后的专利权利要求所记载的技术特征与自身企业研发产品或技术的技术特征一一对应比较，通过相互比较评估是否侵权。在判定过程中主要运用下列基本原则，判断是否构成专利侵权。

1）全面覆盖原则

如果自身企业研发产品或技术将风险专利权利要求中记载的技术方案的必要技术特征全部再现，也即自身企业研发产品或技术的技术特征包含了风险专利权利要求中记载的全部必要技术特征，则落入风险专利权的保护范围，构成专利侵权。在实践中，下列情形可以适用全面覆盖原则，认定企业研发产品或技术落入专利权的保护范围，构成专利侵权：

其一，当独立权利要求中记载的必要技术特征采用的是上位概念特征，而在后研发产品或技术采用的是相应的下位概念特征时，则构成专利侵权。

其二，如果在后研发产品或技术不仅包含了背景专利权利要求书中记载的全部必要技术特征，而且还增加了新的技术特征，即使在后研发产品或技术的技术效果与专利技术效果不相同，仍然应认为落入背景专利权的保护范围，构成专利侵权。

2）等同原则

如果在后研发产品或技术中有一个或者一个以上技术特征经与风险专利独立权利要求保护的技术特征相比，虽然从字面上看不相同，但经过分析可以认定两者是相等同的技术特征（等同特征），此种情形下，应当认定后续开发产品或技术落入了专利权的保护范围，构成侵权。所谓"等同特征"，即采用基本相同的手段，实现基本相同的功能，达到基本相同的效果，并且该领域的普通技术人员无须通过创造性劳动就能够联想到的特征。

在司法实践中，完全仿制他人的专利产品或完全照搬他人专利方法的侵权行为并不多见，而常见的是，被诉侵权产品与专利权利要求书中的某一或某些技术特征存在某些不明显差异。等同原则的适用是专利侵权判定中最难的部分。

3）多余指定原则的适用

如果在后研发产品或技术中的技术特征与风险专利的技术特征相比，虽然缺少独立权利要求中的部分技术特征，但缺少的技术特征经过分析实际应作为非必要技术特征，而不应当作为该专利的必要技术特征存在，此时侵权成立。

对于记载在独立权利要求中的非必要技术特征的认定，应当结合该专利的说明书及附图中记载的该技术特征在实现发明目的、解决技术问题上的功能和效果，以及专利权人在专利审批或者无效审查程序中向国家知识产权局专利局或者专利复审委员会所作出涉及该技术特征的陈述，进行综合分析判定。

4）禁止反悔原则

禁止反悔原则，即专利权人将其在申请专利过程中和专利无效审查中向国务院专利行政部门所作的关于权利要求范围的陈述，不得反悔，应当作为确定其权利范围的依据。专利权人如果为克服原权利要求相对于现有技术缺乏新颖性或非显而易见性缺陷所放弃的范围，不得在侵权判断时通过解释而扩大到这些范围。

5) 自由使用公知技术原则

自由使用公知技术原则，即在确定专利保护范围时，不能将已有公知技术解释为专利权人的专利技术。根据专利权的效力不应及于公知技术的原则，将与公知技术相同或明显近似的被控侵权技术置于专利保护范围之外，是自由使用公知技术原则的核心所在。因此，在侵权诉讼中，只要能证明自己实施的技术为专利申请日之前的公知技术，即能否定对其的侵权指控，免除侵权责任。

6) 捐献原则

捐献原则可以表述为，如果专利权人在专利说明书中公开了某个实施方案，但在专利申请的审批过程中没有将其纳入或试图将其纳入权利要求的保护范围，则该实施方案被视为捐献给了公众。当专利申请被授权后，专利权人在主张专利权时不得试图通过等同原则等将其重新纳入权利要求的保护范围，即使用未要求保护的说明书公开技术方案，不适用于等同原则，也不会构成侵权。

针对上述诸多原则，需要说明的是，适用于知识产权的一个基本原则便是，对要素组合的保护并不会必然地延及每个要素本身。也就是说，在专利侵权判断中，一个基本的判断原则是，被告的产品或方法必须实现专利权利要求的全部技术特征（或者以相同的方式实现或者以等同的方式实现），才能认定侵权。只是实现了权利要求的部分技术特征，一般不得作出侵权认定。由于多余指定原则的适用实际上扩张了专利权人的保护范围，因此，法院对多余指定原则的适用相当谨慎，目前已有废弃之势。

在外观设计专利侵权判定中，首先应当参照外观设计分类表，并考虑商品销售的客观实际情况，审查在后研发产品与风险专利产品是否属于同类产品。不属于同类外观设计产品的，一般不构成专利侵权。但要注意，虽然同类产品是外观设计专利侵权判定的前提，但不排除在特殊情况下，类似产品之间的外观设计亦可进行侵权判定。

尽管存在一系列的法律规定和判断原则，但专利权保护范围的确定在实践中仍然是一个难点。因为专利保护的技术方案本身是抽象的，要为它划定一个具体的保护范围，确定一条明确的边界，并以此为依据判断是否存在专利侵权，相当于给抽象的东西确定一个具体的边界，这当然是有一定难度的，再加上复杂的技术原因及利益冲突等一系列因素的干扰，判断更显得需要慎重。所以，必须具体问题具体分析，学习已有判例，积累相关的经验，力求使判断符合客观实际和法律规定。

4.5 小　结

（1）专利与其要保护目标市场的经济及贸易情况息息相关。因此，在分析专利保护的目标市场时，不仅要分析专利数据，还要将经济数据（如进出口数据及外商直接投资数据）与专利数据相结合起来分析，以获得更具价值的分析结果。

（2）专利布局分析理论方法有很多，其中技术、时间、空间和主体四要素理论分析法是目前比较常用的和有效的专利布局分析方法。

（3）针对不同的产品专利保护布局分析目的，需要使用不同的专利布局分析方法。例如，分析目的为获得目标产品的发展布局趋势时，可以进行技术–时间专利布局分析和技术–时间–主体专利布局分析；分析目的为获得产品目标市场布局时，可以进行技术–空间布局分析和技术–空间–主体专利布局分析；分析目的为获得产品生产者的情况以及各生产者之间技术布局或合作、竞争态势时，可以进行技术–主体专利布局分析、技术–空间–主体专利布局分析和技术–时间–主体专利布局分析。

（4）技术追踪不仅可以帮助企业识别、跟踪主要竞争对手，了解竞争对手的技术特征和能力，判断竞争对手的市场规划与计划，还可以发现先进技术，借鉴和把握关注技术的发展脉络，有利于在市场竞争中占据后发优势。技术追踪可以从 4 个方面进行着手：追踪重点申请人、追踪重点发明人、追踪市场上的相关产品动向和追踪重点技术分支。

（5）在获得风险专利之后，首先需要深入解读风险专利权利要求的保护范围，准确了解专利的保护范畴；其次，需要了解侵权判定的一般原则，将自己待开发或者已经开发的产品或者相关技术与风险专利进行比对，作出是否侵权的初步判定。

第 5 章　服务于专利审查的专利分析法

自党的十八大以来，随着知识产权事业的不断发展，知识产权在国家经济社会发展中的地位和作用进一步凸显，我国已经成为名副其实的知识产权大国。党中央、国务院高度重视知识产权工作，在新形势下对知识产权工作提出了更高的要求。2015 年 12 月出台了《国务院关于新形势下加快知识产权强国建设的若干意见》（国发〔2015〕71 号），提出要实施专利质量提升工程，培育一批核心专利，提升知识产权附加值和国际影响力。2016 年 12 月，国家知识产权局办公室印发了《专利质量提升工程实施方案》（国知办发管字〔2016〕47 号），其中进一步明确了"专利授权确权质量稳步提升，结案正确率和准确率持续提高。专利审查对技术创新的引导作用以及对高价值核心专利获权的保障作用充分发挥。审查质量与世界一流强局逐步接近"的目标，以及"加强审查员能力建设。积极拓展和提高审查员在技术、外语、法律等方面的综合能力，努力建设一支审查能力强、综合素质高的审查员队伍"的具体手段。2016 年底，国家知识产权局专利局审查业务管理部出台的《审查质量保障手册》中也明确指出：高质量的专利审查，是专利制度有效运行的基础，既有利于保护专利权人的合法权益，鼓励发明创造，也有利于公众确认专利价值，推动发明创造的应用；最终全面提升社会对专利制度的信赖和利用，提高创新能力，促进科学技术进步和经济社会发展。2017 年 7 月，习近平总书记在中央财经领导小组第十六次会议上对知识产权工作作出了重要指示，提出要完善知识产权保护相关法律法规，提高知识产权审查质量和审查效率。

因此专利质量的提升已经是目前国家知识产权局专利工作中的重要部分，而在专利质量的提升中，专利审查质量的提升是其中重要的一环。只有在审查中做到审查标准执行一致、审查结果正确、授权范围清晰适当，让那些真正为社会提供了技术贡献的创新主体获得与其技术贡献相匹配的权利，才能一方面向前促进科技创新水平的提升，另一方面向后促进专利市场价值的实现，从而充分发挥专利审查的双向传导作用。

优质的专利离不开优质的专利审查工作。提升专利审查质量，不仅需要统一完善专利审查标准，健全完善业务指导和质量保障体系，还要提高审查员"道德、法律、技能"能力建设。其中，审查员的技术素养更是做好专利审查工作的基础，并且随着科技水平的不断更新，审查员的技术知识储备也要随之保持一致。可以说审查员技术素养的提高始终在路上。

审查员的技术素养直接影响其对发明创造的正确理解和证据获取能力，因此提升审查员的技术素养和站位本领域技术人员的水平是提升审查质量的重要着力点。在专利审查的过程中，必须站位本领域技术人员，才能更加客观、公正地把握发明的实质,并保持审查标准的一致性。而努力成为本领域技术人员,要求审查员不仅要准确解读本发明的技术内容,还应当了解行业的发展水平和本领域现有技术的披露情况。

专利分析涉及对领域内技术发展路线、技术功效分析等专利技术层面的分析,将这些专利技术层面的分析结果利用起来,能够有助于审查员正确站位本领域技术人员,提高审查的质量和效率。

5.1 提升审查员站位本领域的技术人员能力的专利分析法

《专利审查指南2010》第二部分第四章2.4中记载:所属技术领域的技术人员,也可称为本领域的技术人员,是指一种假设的"人",假定他知晓申请日或者优先权日之前发明所属技术领域所有的普通技术知识,能够获知该领域中所有的现有技术,并且具有应用该日期之前常规实验手段的能力,但他不具有创造能力。如果所要解决的技术问题能够促使本领域的技术人员在其他技术领域寻找技术手段,他也应具有从该其他技术领域中获知该申请日或优先权日之前的相关现有技术、普通技术知识和常规实验手段的能力。

之所以设定"本领域技术人员"这样一个假设的概念,目的在于通过规范判断者所具有的知识和能力界限,统一对专利申请以及现有技术文献的理解以及对创造性高度的要求,减少创造性判断过程中主观因素的影响。从《专利审查指南2010》给出的"本领域技术人员"的定义可以看出,作为本领域技术人员不仅具有静态的普通技术知识和现有技术知识,同时还应当具有动态的运用合乎逻辑的分析、推理或者有限的试验能力。

5.1.1 提升审查员对普通技术知识的知晓能力

充分利用专利分析成果,能够提升审查员站位本领域技术人员的能力。在专利分析过程中,分析人员会对专利文献进行深入的技术挖掘。为了更准确地把握技术信息,分析人员通常需要进行技术调研,阅读综述类文献,查阅所属技术领域技术手册及行业标准等。通过这些前期准备工作,分析人员能够对该技术领域的公知常识、惯用技术手段等有大体上的了解。整理这些搜集到的普通技术知识,形成固化成果写进专利分析成果报告中,审查员在审查实践中能够利用报告中的普通技术知识,提升站位本领域技术人员的能力。

以"高性能子午线轮胎"课题为例,课题组汇总了橡胶填料(炭黑、白炭黑)对橡胶胶料低滚动阻力和湿滑抓地力两大性能的影响,图5-1显示了两种填料对橡胶胶料性能的影响趋势。该影响趋势可以作为公知常识性证据运用于审查实践。

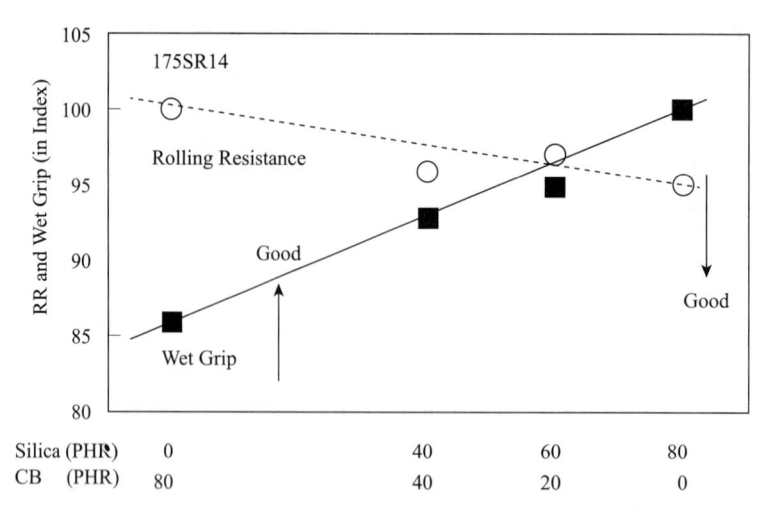

图 5-1　填料对平衡湿滑抓地力和低滚动阻力的影响趋势图

5.1.2　提升审查员对现有技术的获知能力

专利分析方法中的技术路线分析通常以时间作为横轴，以技术分支、代系等作为纵轴，将相关领域的重点专利按照其对应的时间和技术内容，定位在图中的各个技术节点上，得到相关领域的技术路线图。技术路线图可以清晰、直观地展现某个技术领域的技术发展路径和关键技术节点。在审查实践中，审查员通过技术路线图能够迅速掌握该技术领域的现有技术整体发展脉络、技术改进采用的具体路径等。

例如，氧化提纯氢氟酸的技术路线图，如图 5-2 所示。可以看出，根据各阶段主要采用的氧化剂或氧化方式的不同特点，将氧化提纯氢氟酸的技术大致分为如下几个发展阶段。

（1）第一代氧化技术：高锰酸盐或重铬酸盐等重金属盐氧化剂；
（2）第二代氧化技术：以过氧化氢为代表的氧化剂；
（3）第三代氧化技术：以氟单质为代表的卤素类氧化剂；
（4）第四代氧化技术：电解；
（5）近几年的氧化技术：使用特定的金属氟化物作为氧化剂。

专利分析方法中的技术功效图将技术手段与技术效果关联起来形成了技术手段、技术效果二维矩阵图。技术功效图以可视化的方式展现技术手段与效果之间的对应关系，审查员由此能够清楚地了解现有技术中不同的技术手段改进能带来何种技术效果提升，避免在审查实践中由于对现有技术理解机械、片面导致站位本领域技术人员不准确。

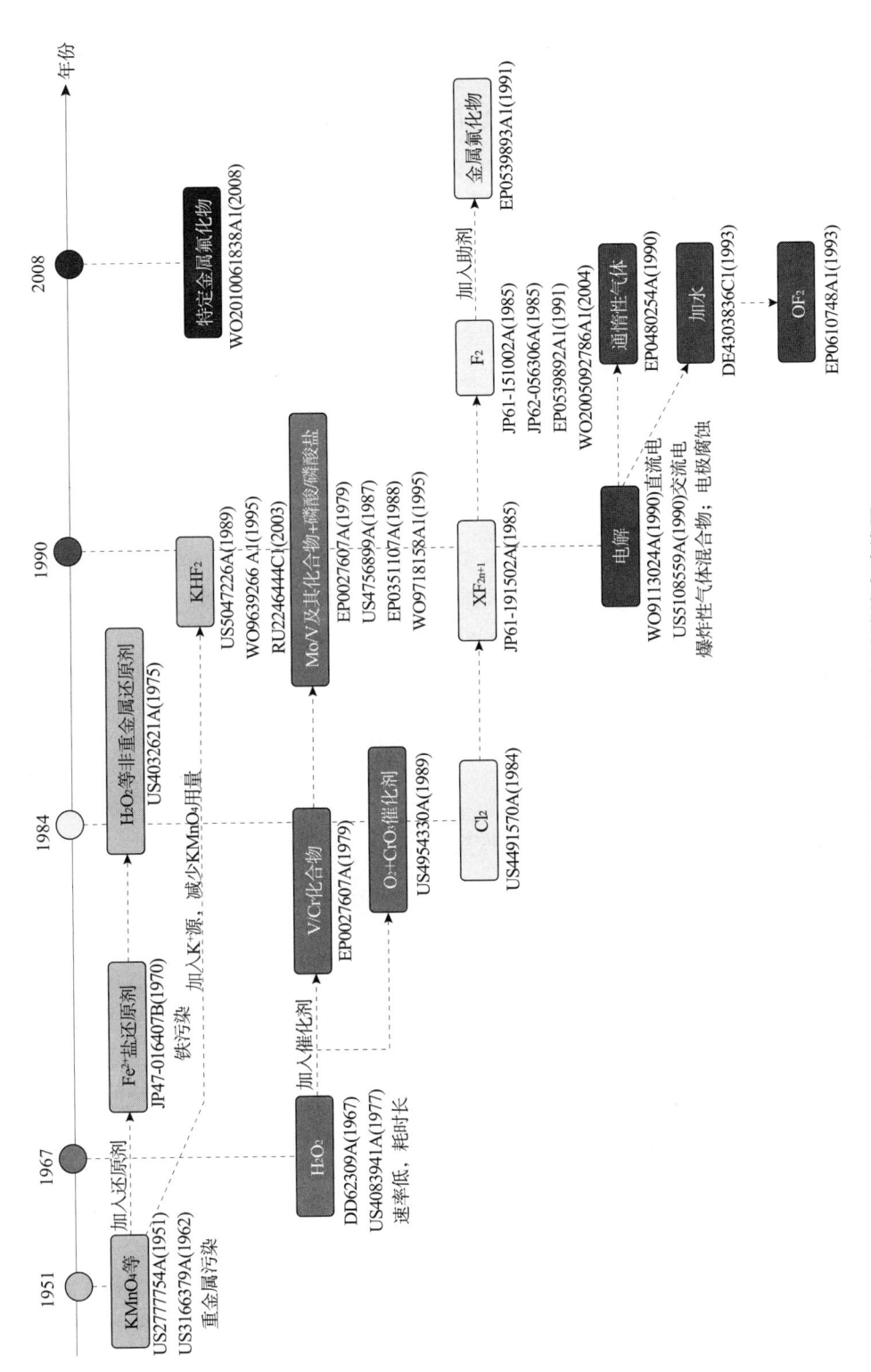

图 5-2 氧化提纯氢氟酸的技术路线图

以图 5-3 胎面胶料填充体系技术功效图为例，炭黑作为填充体系来提高胎面耐磨性的专利申请量最大，有 328 项专利。其次，白炭黑作为填充体系来改善胎面滚动阻力性能的专利申请量有 214 项。从该技术功效图中审查员不难发现，现有技术中在胎面胶料中添加炭黑主要作用是提高耐磨性，白炭黑主要作用是改善滚动阻力。该技术功效图能够帮助审查员快速了解胎面填充体系的现有技术状况。

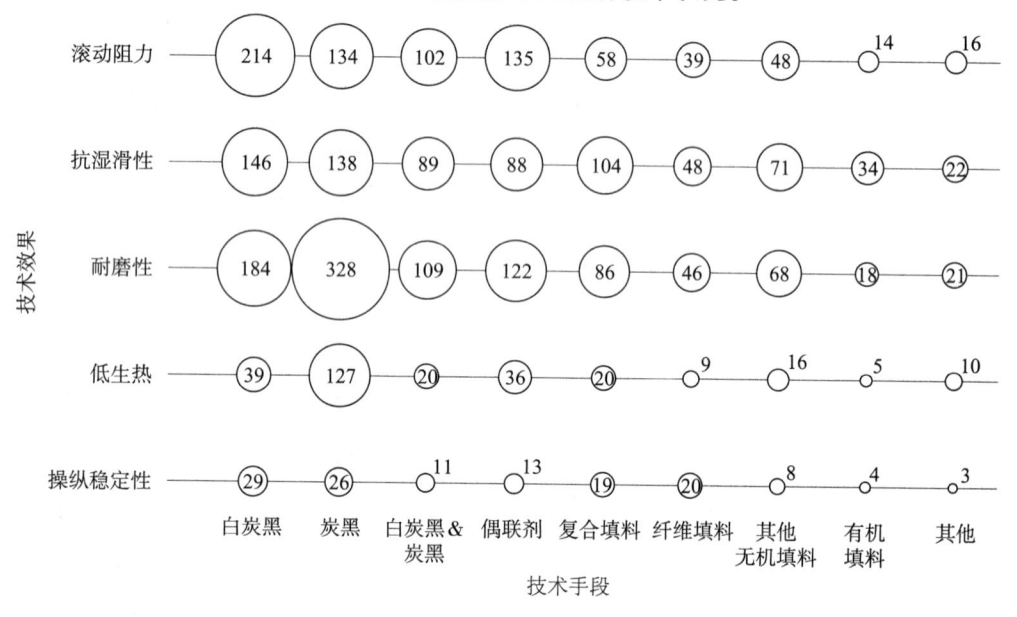

技术效果 \ 技术手段	白炭黑	炭黑	白炭黑&炭黑	偶联剂	复合填料	纤维填料	其他无机填料	有机填料	其他
滚动阻力	214	134	102	135	58	39	48	14	16
抗湿滑性	146	138	89	88	104	48	71	34	22
耐磨性	184	328	109	122	86	46	68	18	21
低生热	39	127	20	36	20	9	16	5	10
操纵稳定性	29	26	11	13	19	20	8	4	3

图 5-3　胎面胶料填充体系技术功效图

注：图中数字表示申请量，单位为项。

5.1.3　提升审查员对常规实验手段的把握能力

本领域技术人员常规实验手段的能力，通常是审查实践中申请人与审查员之间最容易产生争议的环节。在化学领域中，专利申请通常会涉及大量的操作条件、工艺参数、组分含量等技术特征，申请人倾向于认为专利申请中所有操作条件、工艺参数等的调节都不是简单的常规实验手段就能够实现的；而审查员往往又对本领域常规实验手段的认定不够严谨，将常规实验手段的能力过分延伸，超出了本领域技术人员的能力范围。

对涉及操作条件、工艺参数或组分含量等的专利文献进行统计分析，能够得出操作条件、工艺参数、组分含量等的取值范围。在统计得到的参数取值范围内选择具体参数可以认为是本领域技术人员的常规实验手段。基于对专利文献统计分析得到反应条件、工艺参数等的数值范围更客观也更有依据，能较好地克服审查员在对常规实验手段把握上的主观臆断。

以"现代煤化工专利分析"课题为例，课题组对合成气直接制烯烃的专利文献中的反应条件进行了统计，统计结果如图 5-4 所示。氢气/一氧化碳比例在 0.5~3，温度在 200~400℃，主要是 300℃左右，压力集中在 0.5~3MPa，反应空速前期主要在 3000h^{-1}以下，后期在 5000h^{-1}以下。

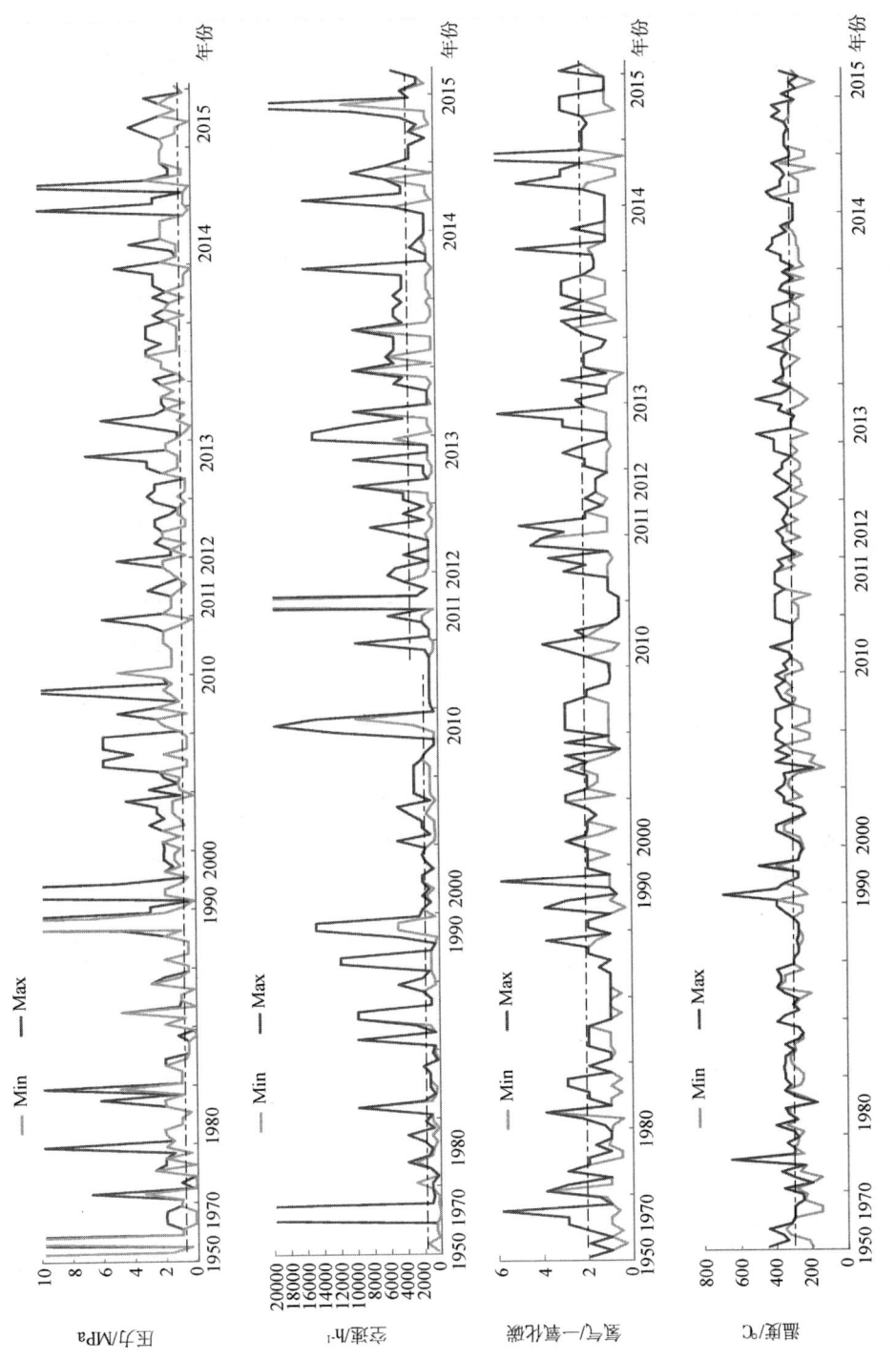

图 5-4 合成气直接制烯烃领域全球专利申请反应条件统计分析

5.2　提高审查员从技术发展脉络理解发明能力的专利分析法

专利审查就是在认定申请事实和现有技术事实的基础上，按照《专利法》的要求，正确适用法律，以法定的审查程序作出授权或驳回的审查结论，从而使得授权范围清楚适当，驳回决定客观公正。正确认定申请事实和现有技术事实需要审查员站位本领域技术人员全面理解发明以及现有技术整体状况。全面理解发明的过程也就是理解发明构思的过程，发明能够解决的技术问题及所采用的关键技术手段作为一个整体构成了发明的核心，体现了发明构思。在理解发明时，应从发明要解决的技术问题出发，到确定发明能解决的技术问题，厘清哪些技术手段或技术特征的组合与能够解决的技术问题直接相关，哪些可能相关，哪些根本不相关，从而确定发明的关键技术手段。这样有条理、有层次地如"剥洋葱般"将申请事实的真核逐步揭示，完成对申请事实的正确认定。

正确理解发明、认定申请事实、确定发明构思是法律适用的基础。正确的事实认定有利于客观、准确地形成审查结论，保障当事人的权利，提高审查效率，促进发明的运用保护，减少不必要的复审或无效等后续程序，从而节约行政和司法资源。

一般来说，审查员通过阅读专利申请文件来理解发明构思，但在审查实践中，有些专利申请撰写水平有限，申请文件中没有清楚记载要解决的技术问题以及所采用的关键技术手段，或者申请文件中声称要解决的技术问题并不是发明真正解决的技术问题，记载的关键技术手段并不准确。另外，在化学领域，对于发明能解决的技术问题需要提供效果实验数据加以证实，同一技术效果可以采用不同的试验方法加以证实，哪些试验结果能够证实发明所声称的效果，试验数据达到何种标准才能证实发明达到了所声称的效果，这些情况都会干扰审查员对发明作出正确理解。

站位本领域技术人员是审查员正确理解发明的途径，全面了解发明的整体背景技术状况、现有技术发展脉络，有助于审查员了解该技术领域关注的技术问题、解决这些技术问题所采用的技术路径、技术路径各自的优缺点、技术突破的难度，在此基础上审查员可以更准确地理解发明解决的技术问题以及作出的技术贡献。

5.2.1　理解发明背景技术

理解发明首先需要了解发明所属技术领域现有技术的整体水平，也就是发明的背景技术。对背景技术的调查，包括了解现有技术发展脉络、现有技术客观存在的技术问题、已有的解决方案以及技术突破难度等。在审查实践中，准确全面地理解发明背景技术才能更准确地理解发明的起点，准确把握现有技术是否存在技术改进的动机，实现技术障碍的突破。

一般来说，发明的背景技术可通过阅读说明书中的相关描述来了解，也可借助于阅读说明书中的引证文献、简单检索现有技术以及实地调研等途径来了解。上述方法需要占用审查过程中的很多时间，或者需要审查员平时不断积累相关领域的技术发展状况、热点技术、长期难以克服的技术问题等。很多时候,审查员检索信息不完整或平时积累不足导致对发明的背景技术理解产生偏差,最终影响审查结论的准确性。

而专利分析方法提供了较为有效地理解发明背景技术的方法。技术路线图可以清晰、直观地展现技术领域的技术发展路径和关键技术节点,由此,审查员能够快速梳理出所属领域的技术发展路径,知晓不同的技术发展路径是如何诞生发展的及各自的特点。

专利分析方法还可以对专利文献涉及的技术效果进行分析统计,统计结果能够显示现有技术的技术效果水平,以便审查员对发明背景技术有量化理解。以"煤化工专利分析"课题为例,课题组对合成气直接制烯烃的技术效果进行了统计,统计结果如图 5-5 所示。在 2003~2010 年和 2014 年两个阶段的专利申请中,一氧化碳转化率能够达到 90% 以上,接近 100%。$C_2 \sim C_4$ 烯烃选择性在后期趋于稳定,多在 40%~80% 的区间波动。甲烷选择性所有下降,在 2000 年之后能够稳定控制在 40% 以下。

5.2.2 理解发明构思

如何理解发明构思,具体而言,可在了解背景技术的基础上,重点通过发明所要解决的技术问题、采用的技术手段和实现的技术效果 3 个方面来理解和把握。发明所要解决的技术问题是指发明人声称要解决的技术问题,通常在说明书中有明确记载,在说明书中未明确记载的情况下,可根据说明书中对背景技术的描述来确定,也可根据说明书中提及的技术效果来确定。发明所采用的技术手段通常在说明书中有明确记载,对于化学领域的发明而言,在说明书中仅对技术方案进行了整体描述而并未具体指明哪一或哪些技术手段使所述技术问题得以解决的情况下,有时可通过对说明书中提供的实施例和比较例进行综合分析来确定所述技术手段。发明所实现的技术效果是指发明得到证实的技术效果,对于化学领域的发明而言,通常需要根据说明书中记载的实验数据来确认,有时也可根据该领域的公知常识等客观判断。

在审查实践中,经常会遇到申请文件的信息量不完整而不足以仅通过说明书来确定发明构思的情形。这类申请中或者缺少现有技术中技术问题的描述,或者虽然记载了技术方案但缺少对其中关键技术的描述,因而无法知晓整个技术方案中哪个或哪些特征是为现有技术作出贡献的特征,又或者未记载所提出的技术手段达到了何种效果,从而未将发明构思完整清晰地交代清楚。对于上述情况,发明构思的确立应将申请文件作为基础,站位本领域技术人员,以该领域的发展现状为视角总体把握。专利分析方法中的技术路线分析和技术功效分析能够以可视化的形式提供具体技术领域的技术发展状况、技术手段和效果的对应关系,帮助审查员迅速、准确地把握现有技术状况,理解发明的技术贡献所在。

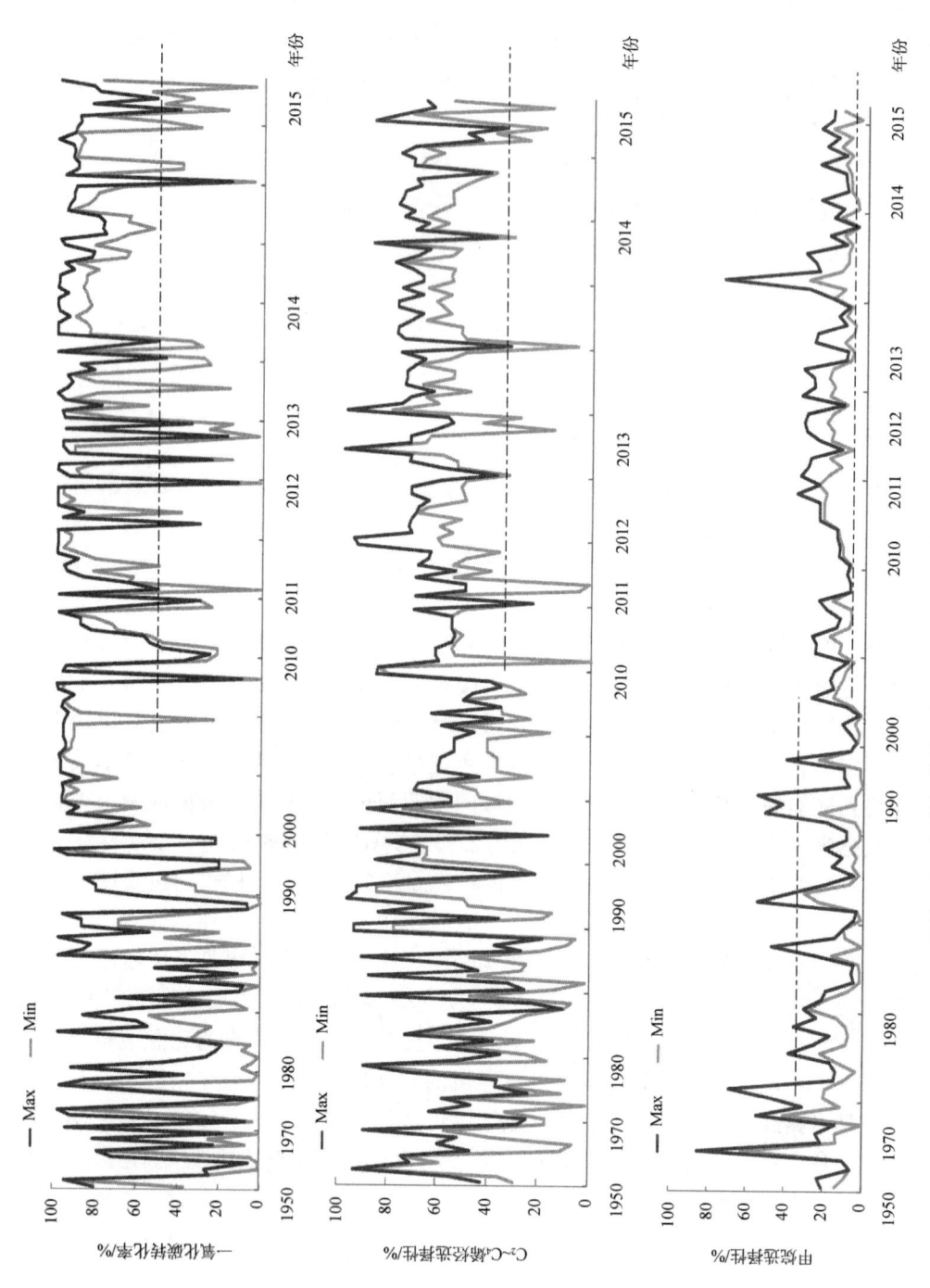

图 5-5 合成气直接制烯烃领域全球专利申请技术效果分析

在化学领域的审查实践中,发明的技术效果需要依赖于效果实验数据来确认。通常一个技术效果可以对应多种不同的测试方法来表征,如果审查员对表征技术效果的测试方法不了解,则会导致审查过程中不清楚某个实验结果到底是用于证实哪种技术效果。在专利分析过程中,分析人员能够将该领域最关注的技术效果涉及的测试方法作整理汇总,将整理成果写入课题报告中以供审查员参考,审查员根据汇总成果能够快速、准确地理解哪些实验数据能够证实技术效果。例如,子午线轮胎课题组总结了轮胎橡胶低滚动阻力和抗湿滑性能两大性能的所有测试方法以及效果参数,其中明确 tanδ 是经常用来表征轮胎橡胶低滚动阻力和抗湿滑性能的效果参数,0℃时的 tanδ 用于表征抗湿滑性能,60℃时的 tanδ 用于表征低滚动阻力性能,0℃时的 tanδ 数值越大证明抗湿滑性能越好,60℃时的 tanδ 数值越小证明低滚动阻力性能越好。

5.3 提高审查员检索效率的专利分析法

检索是对申请有关现有技术状况的全面调查,从而准确掌握发明所属和相关技术领域的发展脉络、现有技术中的技术问题、现有技术针对这些技术问题已有的解决方法以及解决技术问题的效果。在此基础上,还能了解该技术领域创新产生的速度、常见的创新点和创新路径。通过检索,审查员能够迅速站位本领域技术人员,从申请文件记载的众多信息中抽丝剥茧、去伪存真,找到发明对现有技术真正的技术贡献,能够在审查伊始初步判断出这种贡献能否足以在公共领域中为申请人提供独占权,把握住案件的走向,为审查结果的准确和审查过程的高效奠定基础。

检索是做好实质审查的基础。如果检索只是以寻找相近的现有技术和对比文件为目的,而没有在对现有技术充分调查的基础上真正把握发明构思,从发明构思的角度去解析和表达检索要素,将会导致检索结果不全面和检索过程不高效。背景技术调查是正确判断发明构思的基础,需要初次接触所属技术领域的检索人员花费时间和精力去检索现有技术状况。而专利分析恰恰是对所属技术领域的现有技术状况作出的全面分析,专利分析内容包括技术发展路线分析、技术功效分析、重点专利分析等。这些技术分析方法能够帮助检索人员快速掌握所属技术领域的现有技术状况、行业内重点关注的技术问题、已有的技术路径、已有技术的关键技术节点等,帮助检索人员迅速站位本领域技术人员,从而高效地找到发明对现有技术真正的技术贡献,以此切入实现准确、高效的检索。

5.3.1 数据采集处理

在专利分析的数据采集处理阶段,主要工作环节包括确定技术分解表、选择数据库、确定检索策略和检索要素、检索和去噪、数据采集和加工、数据标引以及数据结果评估。

在专利分析的检索环节中,分析人员根据技术分解表中各技术分支的名称,选择能够独立地或者与分类号等的逻辑运算较准确和完整地表达该技术分支的关键词。同时，为保证检索结果的查全率，分析人员还对技术分解表中的关键词进行适当扩展，这些扩展来自综述性科技文献、教科书、技术词典、分类表中的释义以及本领域常用的技术材料中的挖掘；或者在调研、研讨等过程中围绕技术分解表收集的技术专家、企业专利技术人员以及一线生产研发人员的惯用技术术语。对专利分析检索过程中积累的关键词和分类号应加以总结归类，这些关键词和分类号是经过专利分析检索、去噪、验证之后形成的成果，对审查工作中快速、准确地确定检索关键词和分类号具有很大借鉴意义，可以作为课题成果以附录的方式加入专利分析报告中。

以"高性能子午线轮胎专利分析"为例，在专利分析过程中发现，有关胎面、胎侧、带束层这些轮胎部件胶料的专利申请占了轮胎胶料领域专利申请的72%，是专利审查中最常见的专利申请，因此课题组将数据采集步骤中使用的关键词和分类号作了整理。由于子午线轮胎的胎面、胎侧、带束层这些部件性能各不相同，因此在专利数据采集过程中，课题组不仅使用与部件结构相关的关键词来表达这些轮胎部件，还使用了与性能相关的关键词来表达这些轮胎部件。表 5-1 列举了常用的用于表达胎面、胎侧和带束层的关键词和分类号。

表 5-1 子午线轮胎关键词和分类号

胎面	结构	胎面，tread IPC：B60C1/00、B60C11、B29D30/52 CPC：B60C1/0025
	性能	滚动阻力、滚阻、低燃油消耗、节油 rolling, rolling resistan, roll resistan, rolling friction, rotation resistan, rotational resistan??, low hysteresis, fuel consum+, fuel economy
	性能	抗湿滑性、抓地、湿滑、湿路面、干滑、干路面、牵引、冰 wet skid, wet grip, skid resistance, non-skid, anti-skid, slip, wet traction, wet performance, dry performance, snow performance, ice performance, icy performance, wet propert, dry propert, snow propert???, ice propert, icy propert,
		耐磨性、磨损、磨耗、寿命、耐久性 rubbing resistan, abrasion resistan, wear resistan, anti abrasion, abrasive resistan, durability
胎侧	结构	胎侧，side wall, sidewall IPC：B60C13，B29D30/72 CPC：B60C1/0025
	性能	耐老化、耐臭氧、耐热氧老化、耐候性、耐屈挠、耐疲劳、抗裂纹、抗裂口、低生热、抗撕裂 aging, durability, flex resistan+, fatigue resistan+, antifatigue, crack propaga+, low heat generat+, tear

续表

带束层	结构	带束层 belt、steel、fiber、fibre、cord、ply、plies、tread s carcass s layer IPC：B60C9/18/low，B29D30/38/low CPC：B60C2001/0066 A12 – T01C，F04 – E01
	性能	粘结、粘合、黏合、黏结 adhesion，adher +，adhesive，bond +，bind +

数据采集处理阶段的数据标引是根据不同的分析目的，对原始数据中的记录加入相应的标识项，通常数据标引涉及技术内容标引和技术功效标引等方面内容。由于数据标引是对专利文献的技术手段和技术功效进行提取并加以标识，相当于对专利文献数据进行了深度加工和关键词标引，将标引后的数据作为检索数据库源可以实现快速检索，提高审查过程中的检索效率。

图 5 – 6 为"高性能子午线轮胎专利分析"课题的数据标引成果。技术内容方面的标引分为炭黑、白炭黑、偶联剂、白加黑、纤维、复合填料等多个技术分支，功效方面分为滚动阻力、抗湿滑性、耐磨性、低声热、操纵稳定性和其他 6 种技术效果。在检索实践中，审查员能够以上述技术分支和技术效果为检索要素进行快速检索，将涉及上述技术功效的专利文献快速检出。

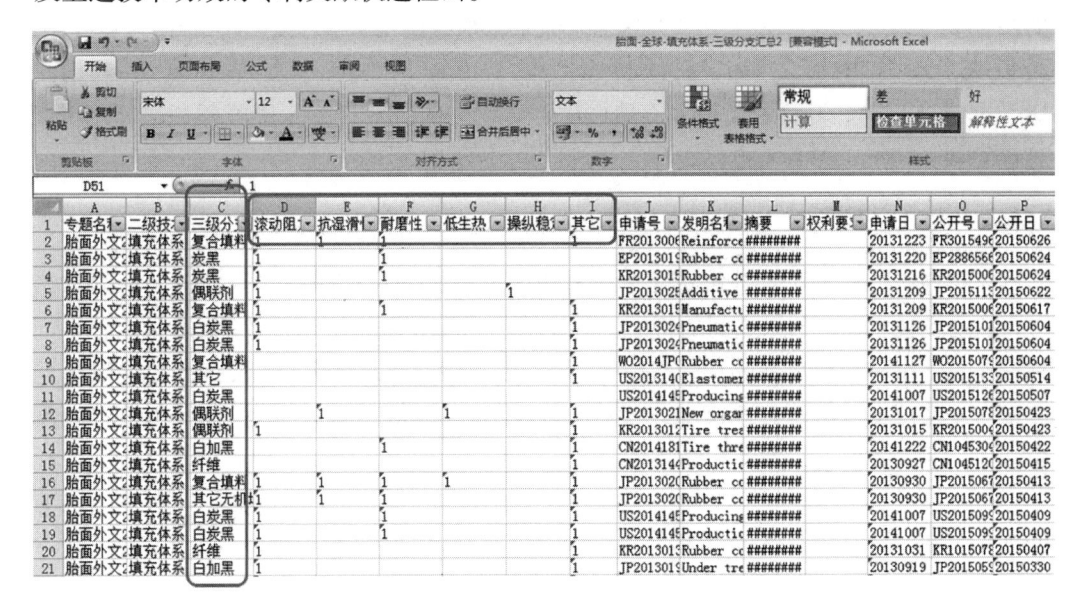

图 5 – 6 高性能子午线轮胎专利分析标引数据库

5.3.2 技术路线图

技术路线图以可视化的方式展现了某个技术领域的发展路径和关键技术节点。在审查的检索工作中，技术路线图能够帮助审查员快速把握某个技术的发展脉络。如果能够根据专利申请文件所记载的技术内容，将其定位在相关领域的技术路线图上，就可以准确判断出专利申请所处的技术分支以及该技术首次出现的时间。以定位在技术路线图上对应的关键专利为检索入口进行追踪检索，将大大提高检索效率。

例如，轮胎带束层黏结剂的技术路线如图5-7所示。可以看出，根据黏结剂的主要成分，带束层黏结剂大致可以分为以下四大类型：含甲醛类黏结剂、金属盐类黏结剂（主要是钴、镍等金属盐）、高分子类黏结剂、小分子类黏结剂。以具体专利申请为案例，技术方案为一种全钢子午胎带束层胶橡胶组合物，其特征是：以100重量份的二烯烃弹性体为基准，还包含30~60重量份的炭黑、5~15重量份的白炭黑、3~10重量份的亚甲基给予体、1~3重量份的环保型树脂（由R改性间苯二酚而得到的，R主要为苯乙烯）、4~10重量份的硫黄、1~2重量份的钴盐、1~2重量份的促进剂；其中二烯烃弹性体选用烟片胶、标准胶、合成聚异戊二烯橡胶中的一种或几种的混合物。

该专利申请指出轮胎中黏合胶料与镀铜钢丝骨架材料的黏合极其重要，其中间-甲黏合体系是胶料黏合体系最重要组成部分。传统的间-甲黏合体系将间苯二酚与六甲氧基蜜胺配合使用，由于间苯二酚在混炼和加工条件下容易产生升华冒烟和喷霜等质量缺陷，对生产、环保和职工健康造成诸多危害，该专利申请主要采用苯乙烯改性间苯二酚代替传统间苯二酚构成黏合体系来克服上述缺陷。分析该专利申请，其采用的黏合剂体系可以划分进含甲醛类黏合剂体系，根据图中带束层黏结剂的技术路线图，可以查找到含甲醛类黏结剂的技术发展路线，从中迅速发现1988年申请的US19880214325A，其公开了被苯乙烯类化合物改性的间苯二酚-甲醛树脂，仔细阅读这件专利，从中找到若干可以破坏新颖性创造性的X类文献。

5.3.3 技术功效图

专利分析的技术功效矩阵分析（技术功效图）是通过对专利文献反映的技术主题内容和主要技术功能效果之间的特征研究，揭示它们之间的相互关系。❶ 通常由技术功效矩阵来分析专利技术行业发展的整体情况，一方面可以了解实现某一种功能效果选择哪些专利技术以及该专利技术的有效程度，另一方面，可以了解一种专利技术实现多少种功能效果以及主要的功能效果。❷

---

❶ 陈燕，方建国. 专利信息分析方法与流程[J]. 中国发明与专利, 2005 (12).
❷ 马天旗. 专利分析：方法、图表解读与情报挖掘[M]. 北京：知识产权出版社, 2015：137.

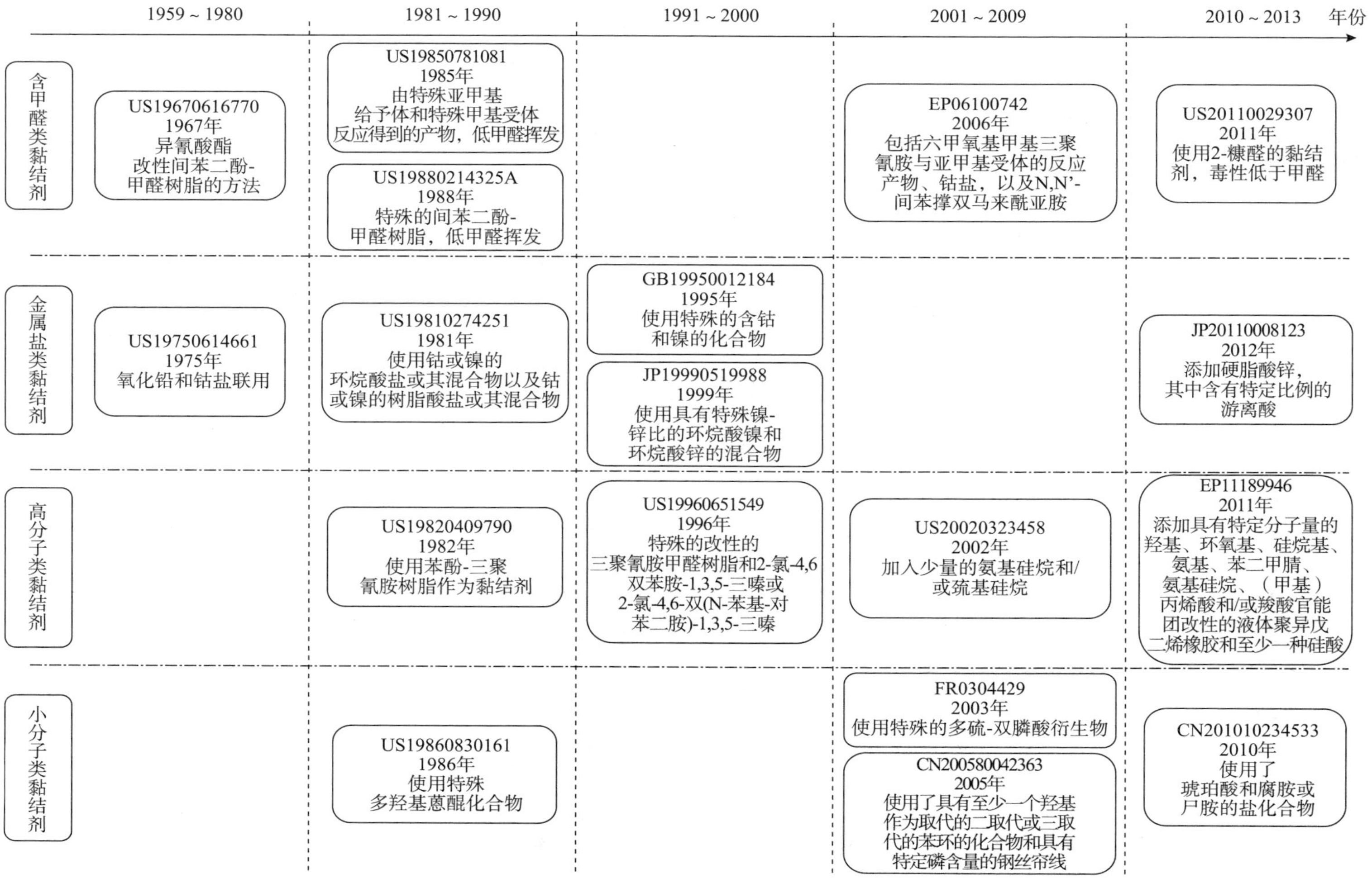

第 5 章　服务于专利审查的专利分析法 | 121

图 5-7　轮胎带束层黏结剂的技术路线图

年份分类	1959~1980	1981~1990	1991~2000	2001~2009	2010~2013
含甲醛类黏结剂	US19670616770 1967年 异氰酸酯改性间苯二酚-甲醛树脂的方法	US19850781081 1985年 由特殊亚甲基给予体和特殊甲基受体反应得到的产物，低甲醛挥发 US19880214325A 1988年 特殊的间苯二酚-甲醛树脂，低甲醛挥发		EP06100742 2006年 包括六甲氧基甲基三聚氰胺与亚甲基受体的反应产物、钴盐，以及N,N'-间苯撑双马来酰亚胺	US20110029307 2011年 使用2-糠醛的黏结剂，毒性低于甲醛
金属盐类黏结剂	US19750614661 1975年 氧化铝和钴盐联用	US19810274251 1981年 使用钴或镍的环烷酸盐或树脂酸盐或其混合物以及钴或镍的环烷酸盐或其混合物	GB19950012184 1995年 使用特殊的钴和镍的化合物 JP19990519988 1999年 使用具有特殊镍-锌比的环烷酸镍和环烷酸锌的混合物		JP20110008123 2012年 添加硬脂酸锌，其中含有特定比例的游离酸
高分子类黏结剂		US19820409790 1982年 使用苯酚-三聚氰胺树脂作为黏结剂	US19960651549 1996年 特殊改性的三聚氰胺甲醛树脂和2-氯-4,6-双(N-苯基对苯二胺)-1,3,5-三嗪或双苯胺-1,3,5-三嗪或2-氯-4,6-双(N-苯基对苯二胺)-1,3,5-三嗪	US20020323458 2002年 加入少量的氨基烷硅烷和/或巯基硅烷	EP11189946 2011年 添加具有特定分子量的羟基、环氧基、硅烷基、氨基硅烷、苯一甲腈、丙烯酸和/或羧酸首能团改性的液体聚异戊二烯橡胶和至少一种硅酸
小分子类黏结剂		US19860830161 1986年 多羟基蒽醌化合物		FR0304429 2003年 使用特殊的多硫-双膦酸衍生物 CN20058004363 2005年 使用了具有至少一个羟基作为取代的多代取代苯的化合物和具有特定磷含量的钢丝帘线	CN20101023453 2010年 使用丁琥珀酸和腐胺或戊二胺至少一种的盐化合物

对于审查检索工作,明确专利申请的发明构思,将技术手段与技术效果结合起来作为检索要素,能够更精准、高效地找到与专利申请最为接近的现有技术。而对于创造性评述,检索技术启示更需要关注技术效果与技术手段的关系。如果能够在技术功效图上定位出相关技术手段与技术效果的结合点,对结合点所涉及的专利进行重点筛选追踪,能够准确、高效地找到现有技术中的教导启示,避免出现检索到的技术启示与专利申请要解决的技术问题不相关的情形。

因此,课题组在进行专利分析时,需要完成各重要技术分支上的技术功效图,并对其中的技术手段和技术功效作出详细的说明,明确相关领域专利申请中各技术手段和技术效果的定义,以便准确地确定所有专利申请的技术手段和技术效果,最好能够给出可以将所有专利申请区分开的检索或分类信息,从而定位在技术功效图中。

5.3.4 申请人和/或发明人

专利申请的主体是申请人和/或发明人。各领域中的重要专利申请人和重要发明人掌握着该领域很多的核心专利技术,很多专利申请人或发明人各自的专利申请在数量上具有优势,在技术上具有连续相关性,在撰写方式例如措辞、参数表征上具有一致性。专利分析整理出重要专利申请人和/或发明人的核心专利可用于检索关键词、分类号。当审查员遇到相关领域的专利申请时,快速锁定该领域的重要申请人,采用整理出的关键词和分类号进行检索,能够有效提高检索效率。

以轮胎领域的固特异为例,其在SIBR三元橡胶方面具有技术优势,最早于1989年EP0349427A中提出SIBR三元橡胶共聚物,该聚合物较好地平衡了滚动阻力、抗湿滑性和耐磨性。之后,固特异持续对该技术进行改进,申请了一系列关于SIBR橡胶共聚物的专利。1991年的专利申请EP0483046A对制备该橡胶共聚物的催化体系进行了优化,并对其交联性能进行了研究,1994年的专利申请US5317062A中将SIBR橡胶与天然橡胶及高顺1,4-聚丁二烯共同作为轮胎的橡胶基体。目前,对其使用方面的研究随着其他技术的发展而不断推进。固特异对SIBR三元橡胶共聚物的技术研发与专利申请具有数量上和质量上的绝对优势,并且其对SIBR三元橡胶共聚物的专利申请覆盖了产品、制备方法、应用等众多领域,技术发展具有连续性。当审查员遇到关于SIBR三元橡胶共聚物的专利申请时,首先对固特异的相关专利进行检索,能够快速了解该领域的技术发展状况,迅速判断该专利申请相对现有技术的真正技术贡献,在其系列专利申请中找到最接近现有技术的概率很高。

另外,由于技术发展水平的不同,不同国家和地区的申请人专利申请会呈现各自的特点。专利分析梳理出各国和地区申请人的专利申请侧重点,能为提高检索效率提供帮助。以"子午线轮胎"课题为例,美国和欧洲是轮胎胶料领域的领头羊,核心专利以合成或改进基体橡胶、填料和助剂为主,尤其是在技术难度很高的助剂合成领域,美国专利占据了主要地位。日本作为有后来居上趋势的追随者,主要有3个特点:

①在欧美国家的技术基础上,对基体橡胶、填料和助剂作进一步的改进。②为了突破欧美国家的专利布局,日本专利申请偏好采用特殊参数限定基体橡胶、填料或加工工艺。例如对于橡胶组合物,常用 tanδ、Tg、交联密度、总硫含量等参数进行限定,对于炭黑、白炭黑等填料,常用碘吸附值、氮吸附值、CTAB 吸附值、DBP 吸附值、比表面积等参数进行限定。③日本石油资源短缺,所以有不少日本专利申请是关于采用生物手段制备有机化合物,继而获得相应的基体橡胶或助剂。中国和韩国作为技术相对落后的专利申请大国,其专利申请基本以胶料配方为主。因此,根据各个专利申请大国的专利申请特点,检索可以有适当的侧重性。方法如下:①如果申请文件的发明构思在于胶料配方,则可以侧重检索中文库,并且在浏览外文库时,对韩国专利文献多加注意;②如果申请文件的发明构思在于改进基体橡胶、填料或助剂,则需要重点检索外文库,应用 CPC 分类号、F-term 分类号等检索手段有针对性地检索美国、欧洲和日本的专利文献;③如果申请文件的发明构思在于石油资源替代或者权利要求中采用了结构参数进行限定,则需要重点关注日本的专利文献。

5.4 提高审查员创造性判断的专利分析法

创造性作为专利授权实质性条件中最为重要的条款,在专利授权确权实质审查中占据重要地位。《专利法》第 22 条第 3 款规定,创造性是指与现有技术相比,该发明具有突出的实质性特点和显著的进步,该实用新型具有实质性特点和进步。

专利创造性的设置目的就是在一般性技术进步中识别真正的发明,将单纯的技艺与具有一定高度的发明创造区分开来,进而维护专利权人利益和社会公共利益之间的平衡,鼓励发明创造,促进科学技术进步及经济社会发展。因此,专利创造性标准的设置既不能偏向专利权人,又不能挫伤发明人开展创新和技术公开的积极性。其立法本意是衡量发明的技术贡献,对具有一定技术贡献的发明创造授予独占的垄断权。❶

创造性作为审查一项专利申请能否授权的重要实质性条件,相比于新颖性和实用性相对客观的判断准则,如何对其作出准确认定,一直以来是专利审查工作中的重点和难点。对于创造性的判断方法,世界范围内并无一致性规定。我国《专利审查指南 2010》中明确指出判断要求保护的发明创造相对于现有技术是否显而易见,通常可按照 3 个步骤进行(通常所说的"三步法"):①确定最接近的现有技术;②确定发明的区别技术特征和发明实际解决的技术问题;③判断要求保护的发明对本领域的技术人员来说是否显而易见。此方法将创造性的主观判断步骤化、具体化并且易于操作,因此"三步法"成为我国创造性审查中最为经典的方法之一。然而创造性判定是建立在对现有技术充分把握的基础上的,现有技术反映的是社会科技发展现状,因此,当社会科技不断发展,现有技术的内容日益丰富时,创造性判定需要考虑的因素必然更

---

❶ 马文霞,刘丽伟. 创造性判断中发明构思的把握与应用 [J]. 专利审查研究,2015 (2).

加广泛和深入。在考虑发明是否具备突出的实质性特点和显著的进步时,离不开对其所在领域技术发展所处的特定阶段及其技术突破难度的充分考量。正确理解发明构思需要对相关的技术背景、现有技术有深入且整体的了解和掌握,把握申请人所要解决的实际技术问题,掌握申请人为何要解决该技术问题,理解为解决该技术问题所采用的技术手段,并判断所能达到的技术效果。只有遵循发明构思的逻辑脚步,才能重塑和还原发明过程,才能完整客观地反映发明创造的前因后果,准确把握发明的实质。

5.4.1 最接近现有技术考量

在采用"三步法"进行创造性评判时,确定最接近现有技术是第一步,也是确定实际解决的技术问题以及判断显而易见性的重要前提,因此,其对于准确评判创造性至关重要。最接近的现有技术,是指现有技术中与要求保护的发明最密切相关的技术方案,是判断发明是否具有突出实质性特点的基础。对于最接近现有技术的选择,《专利审查指南 2010》指出:最接近的现有技术,例如可以是,与要求保护的发明技术领域相同,所要解决的技术问题、技术效果或者用途最接近和/或公开了发明的技术特征最多的现有技术,或者虽然与要求保护的发明技术领域不同,但能够实现发明的功能,并且公开发明的技术特征最多的现有技术。

从上述规定可知,最接近现有技术的选取,应在准确理解专利申请发明构思的基础上,按照整体原则,从技术领域、解决的技术问题、技术效果以及公开技术特征的多少等多个方面对现有技术进行审视。一般来讲,"最接近的现有技术"应当是发明人完成发明的最佳起点,在此基础上还原发明的过程需要克服的障碍最小。

借助专利分析中的技术路线图能够梳理出了技术路径的发展脉络,审查员通过对技术路线的分析,能够了解技术路径的发展起点以及技术发展过程中实现了哪些改进。将申请文件的技术方案对应于技术发展路线图,能够沿着技术发展脉络找到与申请文件发明构思最为接近的现有技术。尤其是引入了技术效果信息的技术发展路线图,能够结合技术效果和技术手段两个维度,帮助审查员快速定位出与申请文件最接近的现有技术。

5.4.2 实际解决技术问题的考量

作为创造性判断"三步法"中第二步,确定发明的区别技术特征和实际解决的技术问题是承上启下的环节,对创造性的判断起到了至关重要的作用。值得注意的是,第二步包含了两个具体步骤:一是确定区别技术特征,二是确定发明实际解决的技术问题。前者更多的是对技术客观事实进行判断,只要对客观事实的认定没有出现偏差,确定的区别技术特征往往不会有误。与之相比,后者的判断需要对技术方案的技术效果进行分析和整理,在审查实践中,审查员在该环节有时会因为技术效果认定的偏差造成对实际解决的技术问题认定有误。

5.4.3 技术启示的考量

创造性判断"三步法"中第三步，即判断要求保护的发明对本领域的技术人员来说是否显而易见。《专利审查指南2010》规定，在判断发明对本领域技术人员是否显而易见时，要确定的是现有技术整体上是否存在某种技术启示，即现有技术是否给出将上述区别技术特征应用到最接近现有技术以解决其存在的技术问题的启示。这种启示会使本领域的技术人员在面对所述技术问题时，有动机改进该最接近的现有技术并获得要求保护的发明。可见，在考虑现有技术是否存在某种技术启示时，技术手段和解决的技术问题是必须共同考虑的要素。

由于专利分析中的技术功效分析关联了技术手段与技术效果，如果审查员从技术功效图中寻找现有技术的启示，能够有效避免审查过程中寻找技术启示出现的技术手段与解决的技术问题之间的割裂。

以"高性能子午线轮胎"课题为例，其分析成果（技术路线图和技术功效图）对创造性判断起到了指导作用。以具体专利申请为案例，其技术方案为一种充气轮胎，其特征在于具有可硫化橡胶组合物的胎面，所述可硫化橡胶组合物包括以相对每100重量份弹性体的重量份（phr）表示的下列组分：（A）30至70phr的第一种丁苯橡胶，其中第一种丁苯橡胶为i）溶液聚合的丁苯橡胶，基于橡胶重量，具有30wt%至50wt%的结合苯乙烯含量，10wt%至40wt%的1,2-乙烯基含量，和约-40℃至约-20℃的Tg；或ii）乳液聚合的丁苯橡胶，具有30wt%至50wt%的结合苯乙烯含量，和约-40℃至约-20℃的Tg；（B）20至60phr的第二种丁苯橡胶，其中第二种丁苯橡胶为溶液聚合的丁苯橡胶，基于橡胶重量，具有25wt%至45wt%的结合苯乙烯含量，20wt%至60wt%的1,2-乙烯基含量，和约-30℃至约-5℃的Tg；（C）5至20phr的顺式-1,4-聚丁二烯，具有-110℃至-90℃的Tg；（D）30至60phr的低PCA加工油，具有如由IP346法测定的低于3wt%的多环芳烃含量；（E）5至20phr的炭黑，具有根据ASTM D-1510的130至210g/kg的碘吸收和根据ASTM D-2414的110至140cc/100g的油吸收；（F）80至130phr的二氧化硅，具有200至260m^2/g的BET比表面积（SBET）；（G）0.5至20phr的含硫有机硅化合物；和（H）5至20phr的树脂，包括α-甲基苯乙烯树脂和苯并呋喃-茚树脂。该专利申请要解决的技术问题是如何在不牺牲抗湿滑性和滚动阻力性能的情况下，改善轮胎的耐磨特性。

该专利申请提供的实验效果证实，该胶料中的橡胶体系和填充体系对改善相关效果具有贡献。对该专利申请的技术构思进行梳理，其关键手段在于基体橡胶体系采用特定的丁苯橡胶体系与顺丁橡胶共混，填充体系采用特定的炭黑和二氧化硅，实现了轮胎抗湿滑性、滚动阻力和耐磨性三大性能的平衡。对专利申请进行新颖性检索，未获得能够破坏新颖性的现有技术文献。

对于创造性判断，首先根据公知常识能够知晓轮胎胶料采用橡胶体系、填充体系、加工油、偶联剂和其他树脂共混是本领域制备轮胎惯用的混配体系。对于橡胶体系，需要考察现有技术中是否有涉及橡胶体系与轮胎抗湿滑性、滚动阻力和耐磨性之间相互关系。从图 5-8 胎面橡胶体系的技术功效图中不难发现，通过调整橡胶体系来实现改善轮胎抗湿滑性、滚动阻力和耐磨性的专利文献数量十分巨大。

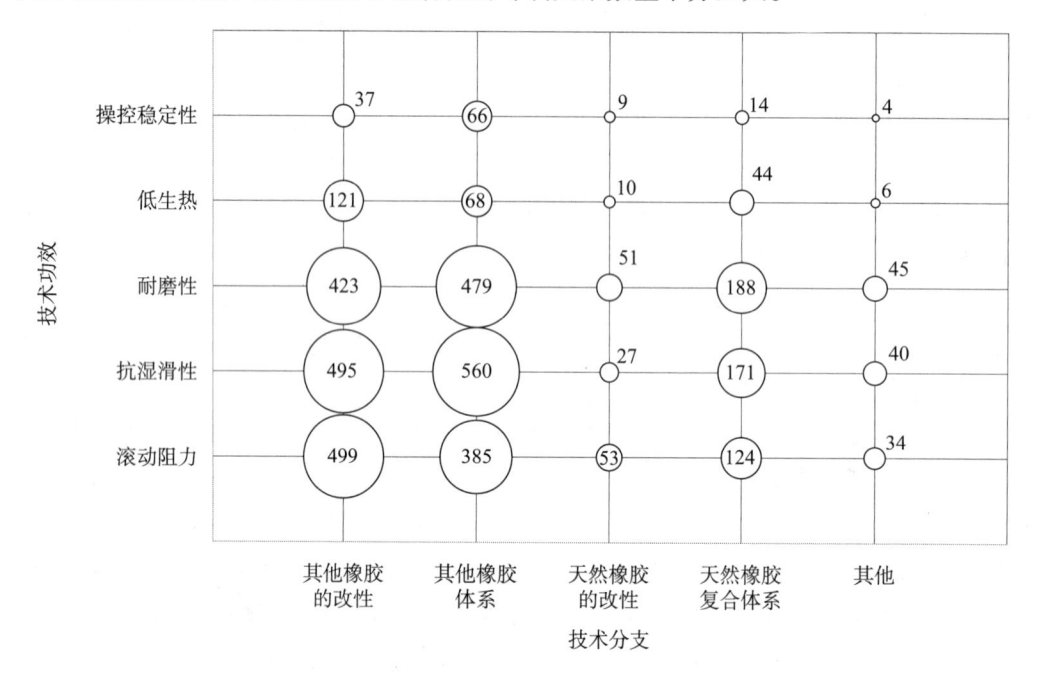

技术功效 \ 技术分支	其他橡胶的改性	其他橡胶体系	天然橡胶的改性	天然橡胶复合体系	其他
操控稳定性	37	66	9	14	4
低生热	121	68	10	44	6
耐磨性	423	479	51	188	45
抗湿滑性	495	560	27	171	40
滚动阻力	499	385	53	124	34

图 5-8　胎面橡胶体系技术功效图

注：图中数字表示申请量，单位为项。

了解到现有技术中存在大量关于调整橡胶体系来实现改善轮胎抗湿滑性、滚动阻力和耐磨性的专利文献的基础上，进一步在胎面橡胶体系的技术发展路线图中查找丁苯橡胶体系的技术发展路径，如图 5-9 所示，从中定位出 US4398582A 的专利文献。该专利文献是通过特定 Tg、苯乙烯含量和乙烯基含量的两种不同的丁苯橡胶并用来改善轮胎抗湿滑性、滚动阻力和耐磨性的。就橡胶体系而言，这与该专利申请十分接近，只是具体 Tg、苯乙烯含量和乙烯基含量的选择与该申请的丁苯橡胶有差异。对该专利文献进行追踪检索，找到与该申请技术构思更为接近的专利文献 US2004261927A1，对该专利文献进一步分析，发现其橡胶体系与该申请相同，填充体系同样采用炭黑和二氧化硅，但与该申请的区别在于填充体系中的二氧化硅不同。

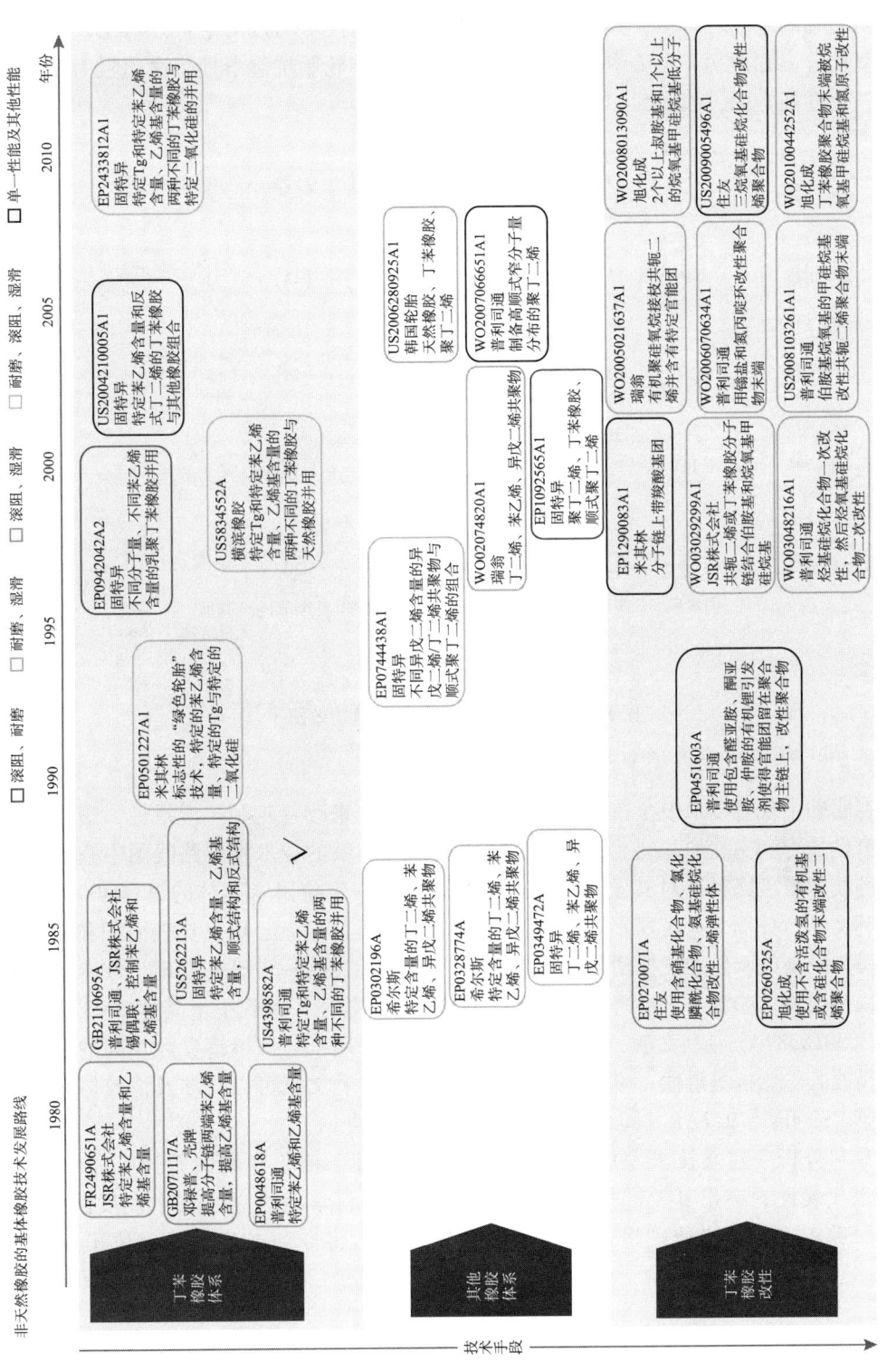

图 5-9 胎面橡胶体系的技术发展路线图

考察轮胎胶料的填充体系，确定现有技术中是否涉及了二氧化硅与轮胎抗湿滑性、滚动阻力和耐磨性之间相互关系。从胎面填充体系的技术功效图中可以看出，涉及改进二氧化硅（白炭黑）的专利文献大部分集中在改善轮胎抗湿滑性、滚动阻力和耐磨性这三大性能方面，如图 5-10 所示。

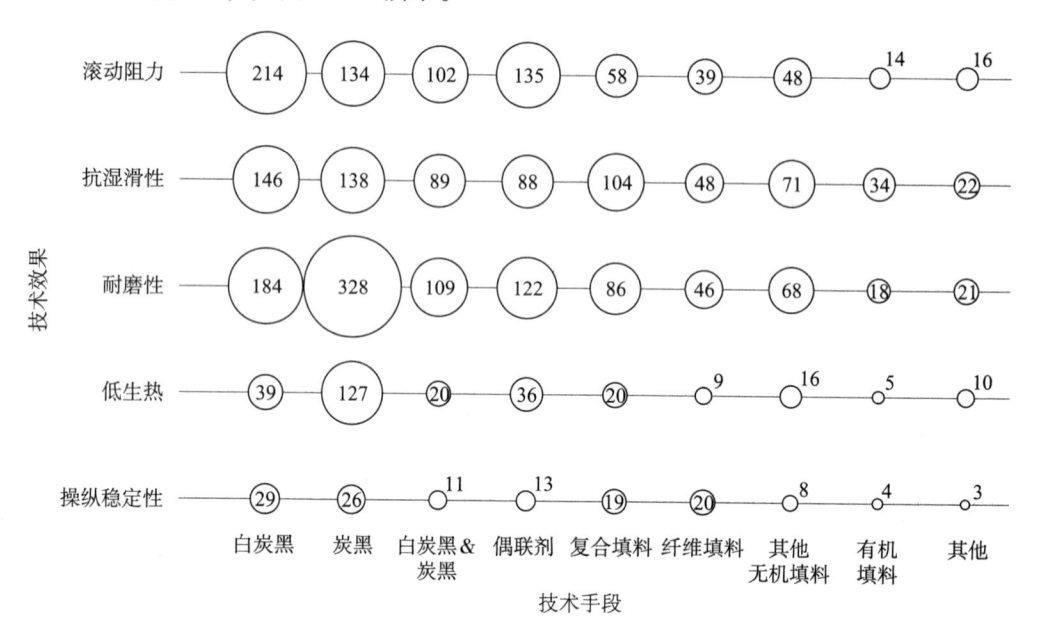

图 5-10　胎面填充体系的技术功效图

注：图中数字表示申请量，单位为项。

在明确了现有技术中存在大量关于改进二氧化硅来改善轮胎抗湿滑性、滚动阻力和耐磨性的专利文献的基础上，进一步在胎面填充体系的技术发展路线图中查找二氧化硅的技术发展路径，对其发展路径进行梳理，从中定位出米其林的 WO03002648A1 的专利文献，如图 5-11 所示。该专利文献涉及采用具有特定 BET 比表面积和粒径的白炭黑来平衡改善轮胎抗湿滑性、滚动阻力和耐磨性。进一步研究发现，该专利文献中的白炭黑具体参数与该申请不同。进一步进行追踪检索，找到了米其林 2003 年申请的 WO03016387A1 专利文献。在该专利文献中，其采用了与该申请参数相同的白炭黑来平衡改善轮胎抗湿滑性、滚动阻力和耐磨性。该专利文献可以与涉及橡胶体系的专利文献 US2004261927A1 共同结合评价该申请的创造性。

专利分析中建立技术发展路线图十分重要，对于核心专利的筛选一定要突出其技术代表性，突出其关键技术节点的地位。只有科学地建立了技术发展路线图，才能帮助审查员正确梳理出现有技术的发展状况，将专利申请准确定位于发展路径中。

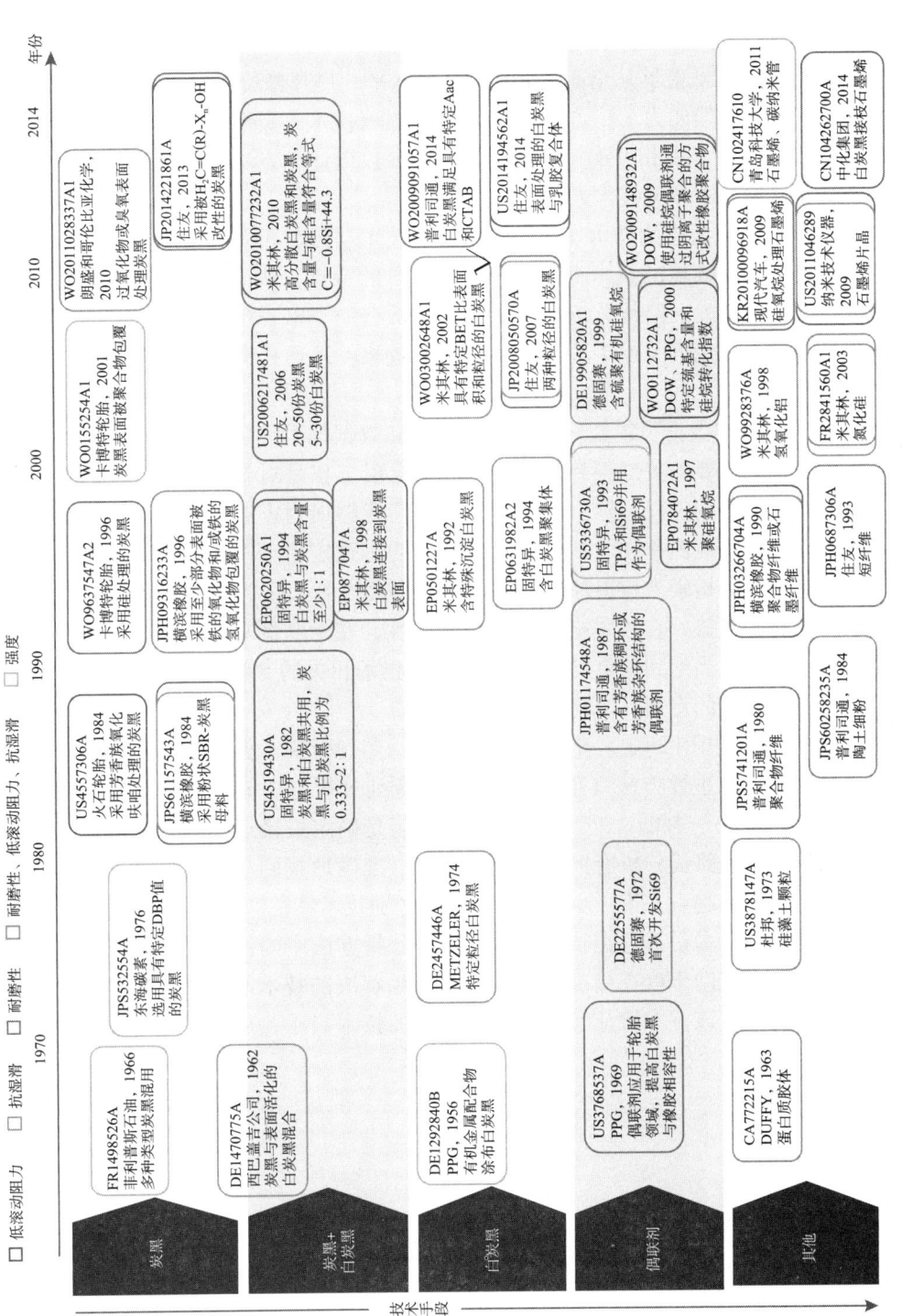

图 5-11 胎面填充体系的技术发展路线图

5.5 小　结

（1）专利分析方法能够从全面把握现有技术水平、提升普通技术知识的认识水平、准确把握常规实验手段能力3个方面提升站位本领域技术人员能力。专利分析方法中的技术发展路线分析、技术功效分析、工艺条件参数统计等方法能够从以上3个方面帮助审查员正确站位本领域技术人员。

（2）专利分析方法中的技术发展路线分析、技术功效分析等方法能够帮助审查员快速梳理出发明所属领域的技术发展路径，及各自的特点，从而全面、准确地理解发明的背景技术。技术发展路线分析和技术功效分析有助于审查员准确理解发明对现有技术作出的贡献、采用的关键手段和实现的技术效果，从而提高审查员理解发明构思的能力。

（3）专利分析中数据采集处理过程包括检索和数据标引等工作。检索工作能够积累大量审查工作中需要的关键词和分类号；数据标引工作是对专利文献涉及的技术和效果进行再加工标引的过程，标引后形成的数据集能够成为审查实践中快速检索的数据库。借助于技术路线图和技术功效图可以将发明迅速定位于图中的技术节点上，以该节点的专利申请为检索入口追踪检索可以提高检索效率。重要申请人/发明人在专利申请的数量上具有优势，在技术上具有连续相关性，在专利撰写方式例如措辞、参数表征上具有一致性，当遇到与重要申请人/发明人技术相关的专利申请，可以快速锁定该领域的重要申请人的专利，实现高效快速检索。

（4）《专利审查指南2010》中指出"三步法"是判断要求保护的发明相对于现有技术是否显而易见的主要方法（创造性判断）。专利分析方法能够帮助审查员实现准确、高效的"三步法"判断。"三步法"的第一步是确定最接近的现有技术，专利分析方法中的技术发展路线分析有助于审查员快速、准确地找到与发明最接近的现有技术，准确确定出发明起点；第二步是确定发明的区别技术特征和实际解决的技术问题；第三步是确定现有技术是否存在技术启示，专利分析方法中的技术功效图将技术手段与技术效果关联，有助于审查员准确确定发明实际解决的技术问题，并准确判断现有技术中是否提供了以该技术特征解决其技术问题的技术启示，从而提高审查员创造性判断的能力。

第6章　服务于专利运用的专利分析法

《深入实施国家知识产权战略行动计划（2014—2020年）》中首次提出了"建设知识产权强国"的新目标。2015年3月中共中央8号文件《中共中央 国务院关于深化体制机制改革加快实施创新驱动发展战略的若干意见》将创新作为今后驱动我国经济发展的主要动力。同年底，国务院印发《国务院关于新形势下加快知识产权强国建设的若干意见》，对知识产权强国建设工作进行布局。

"建设知识产权强国"新目标的提出，以及上述两个若干意见的出台，为我国专利事业的发展提供了前所未有的战略机遇期，也为国家知识产权局专利审查工作提出了更高的目标。在此新形势下，国家知识产权局党组高瞻远瞩，制定了《关于加强专利审查队伍建设的若干意见》，明确指出："专利局、复审委是专利审查队伍的骨干，要充分发挥其作为专利审查队伍核心力量的作用，专利局、复审委主要承担三种专利申请的受理和审查、PCT国际阶段检索和初步审查以及复审及无效审查等工作，尤其是国家重大创新发明、战略性新兴产业等涉及重大国民经济利益的专利申请的各类审查工作，并应在制定专利审查标准、指导审查协作中心开展审查工作和为国民经济社会发展提供高质量的公共服务等方面发挥主要作用。"其中，首次确定了审查队伍要切实做好涉及重大国民经济利益的专利申请的审查工作。

国家知识产权局目前的审查格局已经由一局转变为"一局七中心"，审查队伍增长迅速，而审查经验丰富的局领军、高培和骨干人才的数量相对捉襟见肘。而国家知识产权局目前实行的是独任审查，审查资源也是平均分配，并没有建立专利价值的评价体系，就没有对埋没在海量专利申请中的高价值专利进行重点处理，难以保证"国家重大创新发明、战略性新兴产业等涉及重大国民经济利益的专利申请"由专利局的专利审查队伍骨干进行审查，也就难以实现《关于加强专利审查队伍建设的若干意见》中对于相关案件审查的要求。

高价值专利是具有高技术价值、法律价值和/或市场价值的专利。当然，"国家重大创新发明、战略性新兴产业等涉及重大国民经济利益的专利申请"，通常会具有较高的技术、法律和/或市场价值，自然也属于"高价值专利"。

在专利申请公开之后进入实质审查阶段之前，如果能够从所有专利申请中筛选出"高价值专利"，对其进行重点审查，则不仅能够有效贯彻执行《关于加强专利审查队伍建设的若干意见》的规定，还能够充分发挥国家知识产权局审查工作的双向传导作用，向前推动创新，向后推动运用，通过专利审查工作切实促进国家各技术领域的创新发展和技术转型升级，使得各技术领域的专利竞争力不断提升，为国家产业和经济发展作出贡献。

因此，高价值专利的筛选培育工作至关重要，国家知识产权局已经开展了多项相关的课题研究工作。例如，2015 年国家知识产权局一般课题 Y150504《涉及重大国民经济利益专利申请的筛选识别与重点审查机制研究》探索了通过建立重大专利申请筛选、重点审查和双向反馈机制等三大机制来保证重大专利审查质量，促进和帮助行业发展，为我国建设知识产权强国提供支撑；2016 年国家知识产权局一般课题 Y160902《中国专利申请价值智能评估方法研究》制定了信息筛选法、技术定位法和智能识别法等三种专利申请技术价值评估方法，利用信息化手段完成高价值专利申请的筛选工作。

以上两个课题在进行高价值专利筛选时，都会遇到一些难点。例如，Y150504 课题筛选指标中的大部分都需要结合行业的技术、产业、法律等多方面信息提取确定，例如其中的产业影响指标、技术创新指标、专利布局指标、市场竞争指标、技术来源指标、专利代理指标等的确定，需要提前对相关领域的技术、产业和专利信息进行大规模的分析整合。在 Y160902 课题的信息筛选法中，重点领域、重点来源、重点筛选规则等的确定，技术定位法中技术路线图的绘制等，都需要提前对相关领域的专利、技术和产业信息进行大量的分析。

同时，在专利授权之后，其价值的高低，将直接影响专利权人和竞争对手的市场状况，高价值专利将会在双方的技术和专利实力对比中占据较大的权重，会严重影响双方的竞争态势和结果。当国外申请人在相应领域获得高价值专利之后，如果国内企业没有引起足够重视，没有开展有效的规避设计和针对性措施，则有可能后期发展受到严重影响，甚至整个行业的发展可能受到严重的制约。相反，当国内申请人经过自己的艰苦研发和努力，获得了该领域的高价值专利之后，如果没有意识到其价值的高低，之后没有开展有效的专利布局工作，也没有积极开展后期的专利运营工作，可能会使得该高价值专利的价值无法有效发挥，无法充分发挥其技术、法律和市场价值，无法对竞争对手（特别是国外竞争对手）产生有效制约，无法借此巩固和维护自己的市场地位。

结合上述课题和目前已有的大量相关专利价值评估研究成果可以明确，在高价值专利申请和授权专利的筛选中，需要综合考虑其技术价值、法律价值和市场价值等。而在技术价值的确定过程中，就需要提前了解关键的技术点、产业相关技术链、技术路线图、技术功效图、技术创新度标准等；在法律价值的确定过程中，需要提前确定技术来源、发明人信息、合作申请等；在市场价值的确定过程中，需要提前了解重要市场所在地、产业链、价值链、PCT 和五局申请等。上述内容的获取，通常都需要对相关领域提前开展专利分析工作。

国家知识产权局目前已经开展了各种类型的专利分析工作，例如局学术委员会已开展多年"专利分析普及推广"项目，知识产权发展研究中心已开展多年"专利分析和预警"项目，中国知识产权研究会已发布多年的"各行业专利技术现状及其发展趋势报告"，各个分中心开展各项专利分析自主课题，地方知识产权局也会开展各行业专利分析课题等。

为了满足高价值专利筛选工作的需要，在上述以及其他专利分析相关的课题的开展过程中，最好可以包括以下几个方面的内容，并且可以按照需要提供明确的相关信息。

6.1 高技术价值专利筛选的分析法

专利的技术价值是该专利申请是否能够成为高价值专利的决定性因素，这也是由专利制度的本质决定的。《专利法》第 2 条规定：发明，是指对产品、方法或者其改进所提出的新的技术方案。从中不难看出，发明本质上是一种技术方案。而在高价值专利的筛选中，技术价值自然是其中最重要的筛选要素，在所有筛选要素中，所占的比重也应该是最高的。

专利申请技术价值的确定，可以从领域的重要性、技术的关键性、在技术链中的位置、在技术路线图上的定位、与领域技术功效的比对、技术创新程度的高低等几个方面进行评价。

6.1.1 重点领域及关键技术的确定

高技术价值的专利申请，首先，就需要它在国家重点涉及国家政策鼓励发展的产业中的重点领域（包括各部委如工业和信息化部、科学技术部、国家发展和改革委员会等发文中提及的重点技术领域）中。而每年国家知识产权局里开展各项分析课题时，通常都是选择重点领域进行分析，这时候，就需要课题组首先确定重点领域的检索信息，确定具有哪些信息的专利申请属于该重点领域。该信息可以是分类号、关键词等，需要能够通过检索或分类等手段，快速准确地确定出相关专利申请是否属于该领域即可。

在重点领域内的专利申请量通常会比较多，其中在该领域关键技术分支上的专利申请，存在高技术价值的比例会高很多，同时该领域大部分的高价值专利也会集中在关键技术分支上。因此，还需要课题组在分析过程中，结合各方面专利信息，例如各技术分支的专利申请量及变化趋势、重点申请人、专利布局现状等，确定该领域的关键技术分支。

例如，氟化工领域的全球主要技术分支分布如图 6-1 所示。

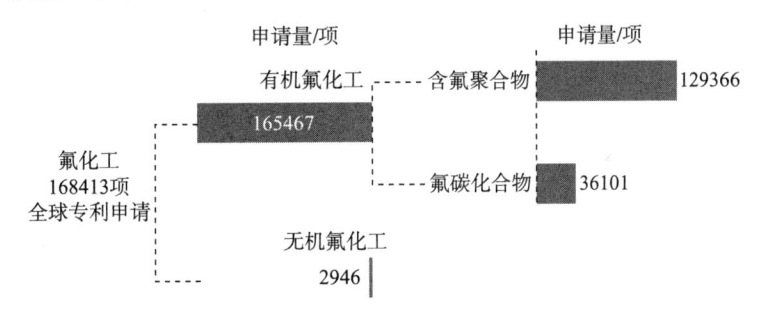

图 6-1 氟化工领域的全球专利技术构成

可以看出，在氟化工领域中，含氟聚合物的专利申请量最大，该领域属于氟化工领域的重点领域。而含氟聚合物同样有非常多的类别，专利申请量非常大，课题组就又综合了产业信息、技术信息、重点申请人的研发方向、专利申请量变化趋势等许多内容，选定了其中的高压缩比聚四氟乙烯（PTFE）、燃料电池用全氟磺酸树脂膜、PFOA 替代品等几个关键技术分支。

因此，课题组在开展专利分析时，需要给出重点领域，并且在该领域内确定出关键技术分支等信息。而在给出重点领域并确定关键技术分支之后，还需要给出明确的可检索或分类的信息来确定专利申请是否属于该技术分支上，例如给出分类号、关键词等，使得在高价值专利筛选培育中能够快速、准确地筛选出属于该关键技术分支的全部专利申请。

综上所述，在开展专利分析工作时，课题组需要提供重点领域及关键技术的可检索或分类的信息，便于在高价值专利筛选中能够快速准确地筛选出属于重点领域和关键技术的专利申请。

6.1.2　相关技术链的确定

专利申请技术价值的高低与其在技术链中的位置关系较大，因为任何行业技术的发展都可能存在明确的上中下游承接关系。中游技术在产业上的应用，需要依靠上游技术的支持，而下游技术的应用又同时需要依靠上游和中游技术的应用和支持，这种各技术之间的链接关系，我们将其称之为技术链。

技术链通常大致可分为上游、中游和下游三个环节，位于各个环节的专利申请通常会具有不同的技术价值。以 DVD 产业链为例，中国大陆和中国台湾以制造型企业为主的企业，属于下游的"制造加工者"，对整个产业的控制能力有限。虽然这些企业是该领域专利申请量的主要贡献者，但相对于处在产业链中游的索尼、东芝和松下等"标准制定者"而言，专利所发挥的作用非常有限。在这一产业中，"标准制定者"可以认为是整个硬件产业的核心所在，多数重点专利都集中在"标准制定者"手中。

碳纤维领域的技术链如图 6-2 所示。可以看出，聚合和纺丝（包括油剂）位于碳纤维产业链的上游。纺丝工艺控制的难度很大，但能够创新的方面不多，从国内产业技术发展的角度考虑，纺丝技术很关键。油剂也非常重要，是我国行业重要的研究方向，可以将其归入纺丝中，列入技术链上游。预氧化碳化技术分支同样很重要，但预氧化碳化主要是装置类的改进，可以归为中游，上浆剂也归入成碳热处理的分支，划入中游。碳纤维的应用主要是复合材料，可以列为碳纤维产业链的下游。

图 6-2　碳纤维领域的技术链分布图

在已经给出碳纤维领域的技术链分布图之后，碳纤维领域所有的专利申请必然都位于该技术链的不同位置上，而根据其所处的位置不同，可以在一定程度上确定其技术价值的高低。

因此，相关课题组在进行专利分析时，首先就需要确定相关的技术链，明确技术链上中下游，而且上中下游每个部分可能都会有较多不同的技术点，也需要在进行专利分析时一并确定给出，即明确技术链上中下游中涉及的所有技术点。同时，位于技术链上中下游专利的技术重要度并非一概而论，在各个领域可能存在较大区别，因此，还需要课题组结合产业和技术现状，分析确定位于上中下游每个技术点上专利申请的技术重要度。

之后，课题组还需要针对上中下游和每个技术点确定易于检索和分类的信息，以便于在高价值专利筛选和培育过程中，能够尽快将所有相关专利申请定位至技术链的不同位置，进而确定其技术重要度。

6.1.3 技术路线图

技术路线图最早出现在美国汽车行业，在 20 世纪 70 年代后期和 80 年代早期，摩托罗拉公司和康宁公司开始先后采用绘制技术路线图的管理方法对产品开发进行规划。2000 年对英国制造企业的一项调查显示，大约有 10% 的公司使用了技术路线图方法，而且其中 80% 以上的公司用了不止一次。

技术路线图通常以时间作为横轴，以技术分支、代系等为纵轴，将相关领域的重点专利按照其对应的时间和技术内容，定位在图中的各个技术节点上。

例如，氧化提纯氢氟酸的技术路线如图 6-3 所示。可以看出，根据各阶段主要采用的氧化剂或氧化方式的不同特点，将氧化提纯氢氟酸的技术大至分为如下几个发展阶段。

（1）第一代氧化技术：高锰酸盐或重铬酸盐等重金属盐氧化剂；
（2）第二代氧化技术：以过氧化氢代表的氧化剂；
（3）第三代氧化技术：以氟单质为代表的卤素类氧化剂；
（4）第四代氧化技术：电解；
（5）近几年的氧化技术：使用特定的金属氟化物作为氧化剂。

在高技术价值专利申请的筛选中，如果能够根据专利申请文件所记载的技术内容，将其定位在该领域的技术路线图上，就可以准确判断出专利申请所处的技术分支和代系，以及相关技术内容首次出现的时间。借助这些信息，可以快速确定相关专利申请的技术价值高低。

因此，在确定了技术路线图之后，还需要对技术路线图中各节点的技术信息进行表征。在表征时，首先要对技术分支或代系进行表征，以便可以将专利申请定位在不同的技术分支或代系中；然后，再表征各技术分支或代系上的技术点，以便将专利申请快速定位至具体的技术点上。

由于每个技术分支或代系都表征一种与其他技术分支或代系不同的技术，所以可以通过关键词或分类号将各个分支或代系区分开。之后，对于属于同一技术分支或代系的技术而言，彼此之间同样有具体技术的区别，因此，同样可以采用不同的关键词

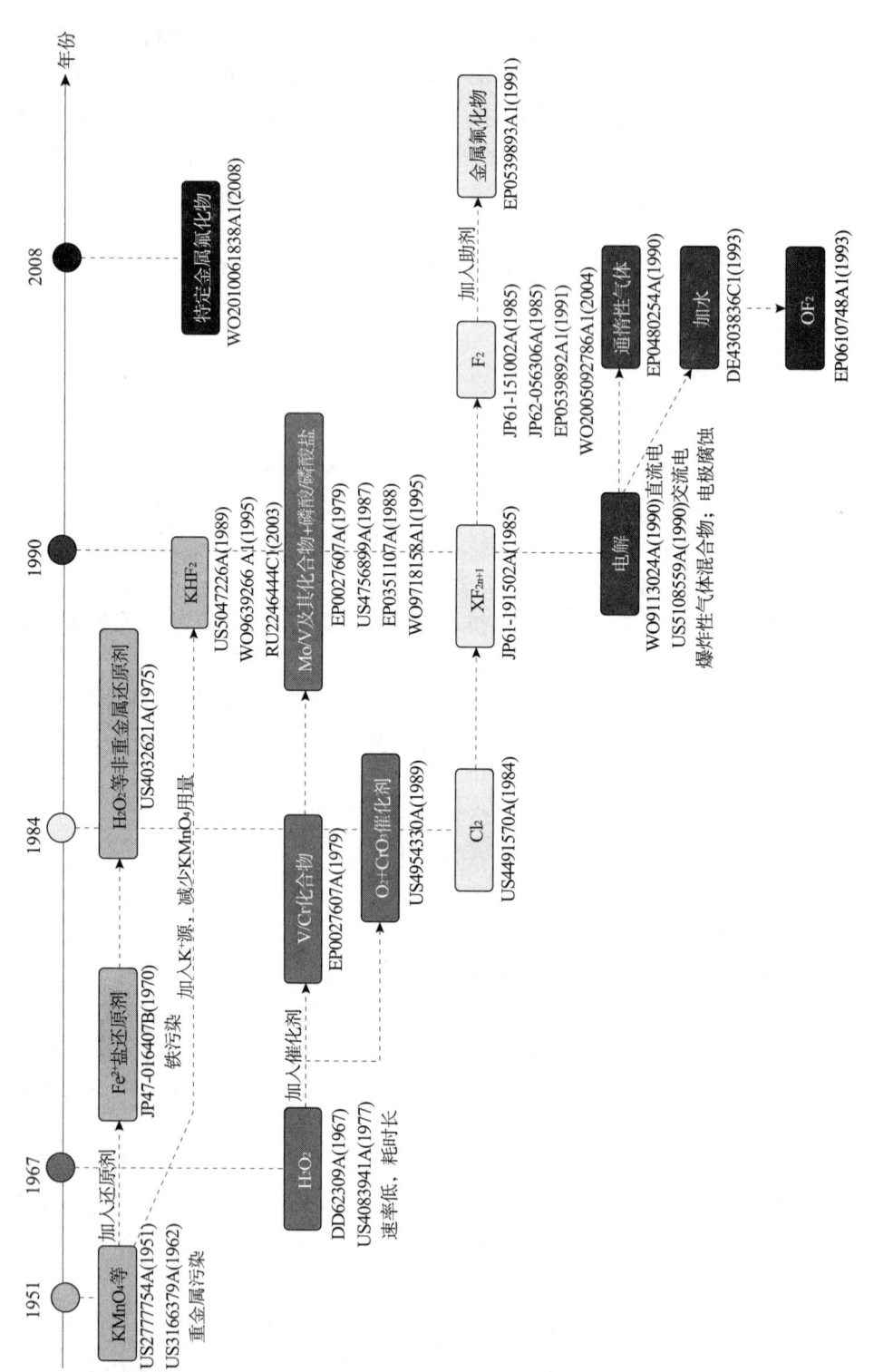

图 6-3 氧化提纯氢氟酸的技术路线图

或分类号将它们彼此区分开。对各节点技术的表征，需要注意表征它们的要素必须是可以进行检索或分类的要素，例如关键词或分类号等，其次，各个检索要素之间需要有一定的区分度，尽可能避免出现检索要素的重合，保证表达的准确性和区分性。

例如，对于氧化提纯氢氟酸的技术路线图而言，首先表征各个代系的氧化技术。由于相关的专利申请全部涉及同样的分类号，没有针对不同氧化技术的细化分类号，所以对各代系的表征主要采用关键词。同时，各节点都采用了不同的具体物质，相互之间的区别也主要在于物质的区别，因此，表达各具体物质也就可以表达清楚各节点，并将它们彼此区分开。

（1）第一代技术由于均使用了高锰酸盐和重铬酸盐作为氧化剂，因此，考虑使用"高锰酸 or 重铬酸"来表达第一代的技术

对于第一代的各节点而言，分别采用所使用的还原剂或其他物质进行表征即可。例如采用"亚铁 or 二价铁 or Fe^{2+}"来表征使用亚铁盐还原剂的节点；使用"过氧化氢 or 双氧水 or H_2O_2"表示使用过氧化氢作还原剂的节点；使用"KHF_2 or 氟氢化钾"表征使用氟氢化钾的技术点。

（2）第二代技术均使用过氧化氢作为氧化剂，因此，考虑使用"过氧化氢 or 双氧水 or H_2O_2"来表示第二代技术

对于第二代技术的各节点而言，分别采用具体的物质进行表达。例如，使用"钒""V""铬"或"Cr"表示 V/Cr 化合物催化的节点；使用"（钒 or V or 钼 or Mo）and 磷酸"表示"钼/钒及其化合物 + 磷酸/磷酸盐"的节点；使用"（氧气 or O_2）and （铬 or Cr）"表示"氧气 + 三氧化铬催化剂"的节点。

（3）第三代技术使用卤素类氧化剂，因此，考虑使用"F_2 or Cl_2 or 氟气 or 氯气 or 氟化氯 or 氟化溴 or 氟化碘"来表示第三代技术

对于第三代技术的各节点而言，采用具体的物质进行表达。例如，使用"Cl_2 or 氯气"表示使用"氯气"的节点；用"氟化氯 or 氟化溴 or 氟化碘"表示"XF_{2n+1}"的节点；"F_2 or 氟气"表示"氟气"的节点，用"（F_2 or 氟气）and 金属氟"表示加入"氟气加入助剂金属氟化物"的节点。

（4）第四代技术使用电解的方式，考虑使用"电解 or 直流电 or 交流电"来表示第四代技术

对于第四代技术的各节点而言，使用"惰性气体 or 氮气 or N_2 or 氦气 or 氩气 or 二氧化碳 or CO_2"来表征"通惰性气体"的节点；用"水 or H_2O"表示"加水"的节点；用"OF_2 or 氟化氧"表示"氟化氧"的节点。

（5）第五代技术使用特定的金属氟化物，考虑使用"金属氟 or 氟化银 or 氟化钛……"表示。

因此，专利分析课题组在绘制了相关的技术路线图之后，还需要根据上述要求，对技术分支或代系、技术节点分别进行表征，确定其关键词和/或分类号等可检索或分类的要素。

6.1.4 技术功效图

技术功效图，是专利分析时将相关领域全部专利申请的技术手段与技术效果进行比对分析，以技术手段或技术效果为横坐标，以另一项为纵坐标，各交叉点的气泡用来表示采用技术手段达到所对应的技术效果的专利文献数量。例如，图6-4中显示了PAN基碳纤维聚合领域的技术功效图，其中横轴表示该领域主要追求的技术效果，包括提高纺丝原液可纺性、提高原丝质量、提高碳纤维质量和提高经济社会效益等四种；纵轴表示所采用的主要技术手段，包括聚合反应体系、引发剂体系、氨化、除杂、改性等；各个交叉点表示采用相应技术手段达到对应技术效果的专利文献量。左上角第一个气泡表示采用聚合反应体系这种技术手段，达到提高纺丝原液可纺性的技术效果的专利文献共有31件；相应地，右上角的气泡表明采用聚合反应体系这一技术手段，实现社会经济效益这一技术效果的专利文献有23件，其他交叉点的解读以此类推。

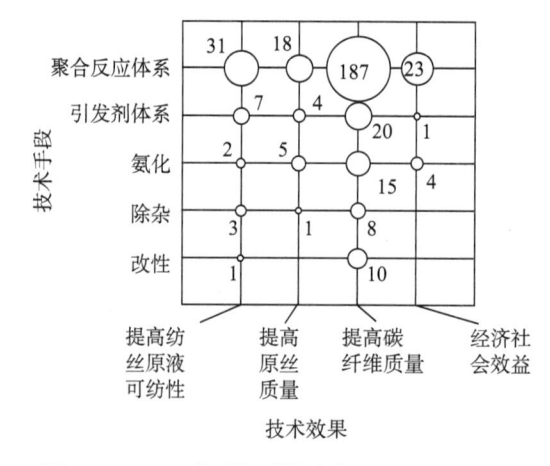

图6-4 PAN基碳纤维聚合领域的技术功效图

注：图中数字表示申请量，单位为件。

从各领域的技术功效图可以看出各领域目前研究的热点和空白点等，而在技术功效图中不同交叉点上的专利文件，通常会具有不同的技术价值，而在同一交叉点上的文献，通常会在某一方面具备较为接近的技术价值。

因此，在课题组进行专利分析时，需要完成各重要技术分支的技术功效图，并对其中的技术手段和技术功效作出详细的说明，明确相关领域专利申请中各技术手段和技术效果的定义，以便准确地确定所有专利申请的技术手段和技术效果，最好能够给出可以将所有专利申请区分开的检索或分类信息，从而定位在技术功效图中。

另外，课题组还需要根据专利分析报告中其他各方面的信息，确定技术功效图中各交叉点的技术价值高低，以便于后期确定专利申请的技术价值。

6.1.5 技术创新高度

根据专利申请技术的创新高度，可以将其分为原创型和改进型。1972年，屠呦呦以及她的工作组成功提取青蒿素晶体并发现其用于治疗疟疾的用途，1973年合成了双氢青蒿素，其治疗疟疾的临床疗效高于青蒿素10倍，2015年，屠呦呦成为第一位获得诺贝尔科学奖的中国本土科学家。毫无疑问，青蒿素的提取、双氢青蒿素的合成就属于原创型技术，相比较后期对青蒿素晶体和双氢青蒿素的其他改进，例如对其作各种其他修饰、将其与其他药物组合、将其制成各种药物制剂等的改进型技术，通常具有更高的技术重要性，犹如珍妮纺纱机开创了棉纺织业的新时代，蒸汽机引发了18世纪的工业革命。这种原创性的发明无疑具有划时代的意义和深远影响，还具有更高的技术价值。

同时，在现有科学水平的基础上，在原创型技术出现之后，可以进行多角度的改进。例如，在聚合物领域，针对某一种聚合物，可以从以下多个角度进行改进并申请专利保护：制备方法改进，包括催化剂的选择和改进、反应装置改进、各种其他反应助剂的选择和改进、工艺参数的选择和改变；聚合物本身的改变，例如共聚单体的选择和改变、单体含量的选择和改变、聚合物分子量和结构的改变；聚合物存在形式的改变，例如溶液、乳液、悬浮液、粉末、颗粒、结晶体等；组合角度的改变，例如与各种其他聚合物形成组合物、组合物中各种配料的选择、根据各种目的选择合适的配料等；应用角度的改进和选择，例如，使用相应组合物制成板材、涂料、黏合剂、异型材、管、薄膜等，乃至使用相应材料的电池、轮胎、汽车等。

原创型技术和改进型技术的技术重要性自然存在一定的差异，并且改进型技术本身还存在多种不同的改进角度，所得专利技术的重要性自然也不相同。因此，课题组在进行专利分析时，需要首先确定哪些技术属于该领域的原创性技术和改进型技术，还要确定原创性技术和改进型技术分别包括哪些不同的技术分支和技术点，结合课题组在专利分析过程中获得的各方面因素，确定各技术分支和技术点的技术重要程度。

因此，在进行专利分析时，课题组需要对相关领域技术创新程度进行确定和细化，确定各类技术的技术创新程度高低，还需要对不同创新程度的技术进行表征，便于后期据此确定出各专利申请的技术创新程度。

6.2 高法律价值专利筛选的分析法

专利的法律价值是专利在生命周期内和权利要求范围内依法享有法律对其独占权益的保障，是专利市场转化评估中的一个主要因素。从法律维度来看，高价值专利就是"经得起考验"的高质量专利，专利文件要经得起实质审查、无效宣告请求、侵权诉讼等一系列行政授权确权和民事诉讼程序的检验和推敲。从法律维度评价一项专利的价值，主要提供专利的全面法律状态信息及专业解读，包括专利稳定性、可规避性、专利侵权可判定性等。

专利法律价值涉及的因素更多地具备客观性和直观性，可以从以下几个方面进行筛选。

6.2.1 权利要求项数及技术特征筛选规则

专利法律价值的稳定性，体现在其是否容易遭受侵权或诉讼，主要与权利要求项数的多少有关。而可规避性则体现为技术方案的可替代性，与权利要求的具体技术特征、权利要求的撰写方式关系较大。二者在本质上都涉及专利的保护范围，即权利要求项数以及技术特征的多少，这对其稳定性和可规避性起到至关重要的作用。

专利权利要求项数可以反映申请专利机构的技术创新能力。研究表明，有价值的专利表现为专利权利要求的数量多而且技术覆盖范围广，遭遇侵权和诉讼的频率较高。此外，权利要求的数量还可以用来表征专利的技术覆盖范围。

专利权利要求的范围会影响专利权的力度，进而影响专利的价值。有许多研究测试了简单权利要求数和加权权利要求数对专利价值的影响，结果发现简单权利要求数与专利价值相关性不显著，经加权后的权利要求数与专利价值有很好的相关性。Proquest 公司 INNOGRAPHY 专利分析平台将专利保护权项数作为专利价值评估的一个指标，其评价依据是认为权利要求项数多的专利之后更可能有诉讼事件。

例如，通过分析 OLED 领域的专利申请权利要求项数，课题组发现重要专利权利要求项数主要集中 5~25 项，权利要求项数的具体分布见表 6-1 至表 6-3。

表 6-1　重要专利权利要求项数分布　　　　　　　　单位：件

	1~4	5~10	11~15	16~20	21~25	26~30	31 以上
案卷数	3	13	8	7	6	3	4

表 6-2　比较重要专利权利要求项数分布　　　　　　单位：件

	1~4	5~10	11~15	16~20	21~25	26~30	31 以上
案卷数	5	100	40	15	12	6	7

表 6-3　发明专利申请权利要求项数分布　　　　　　单位：件

	1~4	5~10	11~15	16~20	21~25	26~30	31 以上
案卷数	283	1465	1025	817	417	226	385

而通过对 RTM（树脂转移膜塑技术）以及宝马 i3 领域重要专利的权利要求数进行研究，则如图 6-5 和图 6-6 所示，RTM 工艺的重要专利没有低于 2 项权利要求的，权利要求数量集中在 2~8 项；宝马 i3 重要专利没有低于 7 项权利要求的，权利要求数量以 7~12 项为主。

此外，判断专利申请保护范围的大小准则之一是独立权利要求所记载的技术主题和技术特征数量，技术特征数量与保护范围成反比。技术特征限制得越少，保护范围越宽泛，越容易产生侵权问题，但同时越容易存在现有技术质疑其创造性问题；而技术特征越多，则保护范围发生限缩，保护力度相对弱，其他人只要采用相似的或可替代的选择即克服侵权嫌疑，不可规避性越差。所以技术特征数量是专利质量的一个重要指标。

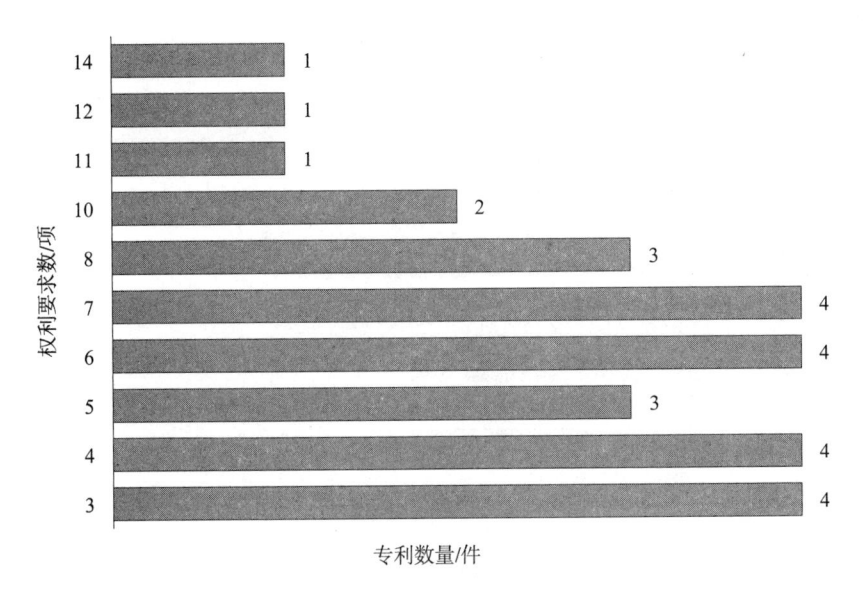

图 6-5 RTM 重要专利权利要求数情况

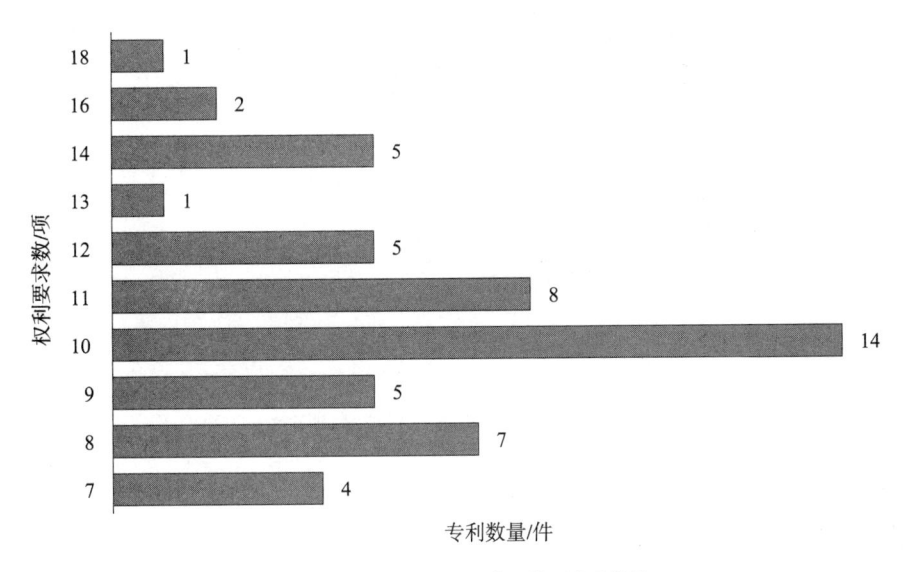

图 6-6 宝马 i3 重要专利权利要求数

Patentics 曾经在其公众号中发表的文章《专利质量正态分布分析》中对美国 2015 年发明授权、2015 年国外进入中国发明授权、2015 年国内申请人中国发明授权的技术特征数量进行了大数据分析，结果大致如下：美国发明授权专利的平均技术特征数为 14，国外进入中国发明的平均技术数为 18，分布基本相同，两者的数据偏差也基本相同。国内申请的平均技术特征数为 22，与质量紧密相关的偏差值也大得多。从这点上看国内申请的技术特征数要多于国外申请，保护力度相对较弱。

通过对 RTM 以及宝马 i3 领域重要专利的技术特征数进行研究，发现如图 6-7 和图 6-8 所示，RTM 工艺的技术特征数为 5~14，以 5 最多；宝马 i3 的技术特征数以 5

最多，较普遍的技术特征数是 10~15。

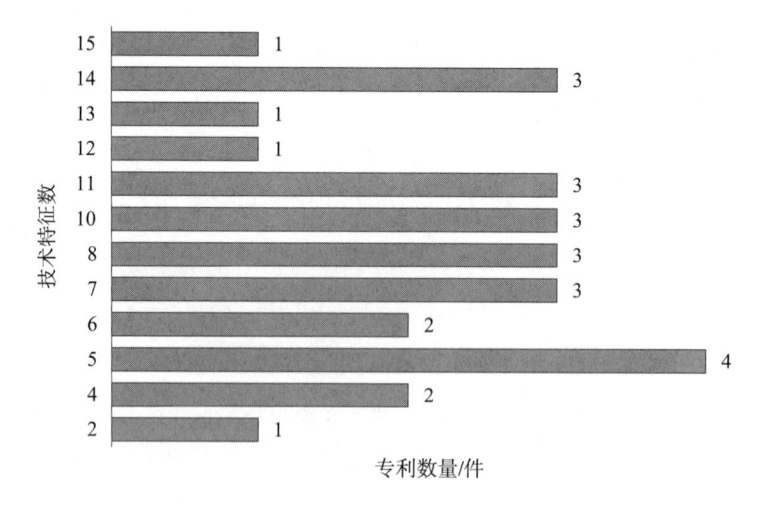

图 6-7　RTM 重要专利技术特征数情况

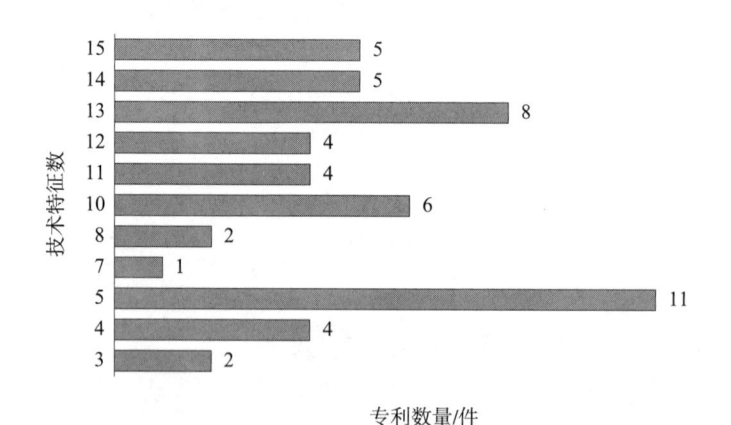

图 6-8　宝马 i3 重要专利技术特征数

可见，不同领域中重要专利的权利要求项数以及技术特征数量差异较大，不可一概而论。在开展专利分析时应通过阅读一定数量的专利文献，确定符合该领域特点的权利要求项数以及技术特征数量并以此作为判断基准，从而高效、精准地筛选出稳定性和不可规避性好的专利。

6.2.2　权利要求类型筛选规则

专利侵权可判定性是指是否容易发现和判定其他人对被保护的专利发生侵权行为，是否容易取证用于进行形式诉讼。专利侵权可判定性与权利要求的具体特征关系较大，容易判定专利侵权的权利要求特征通常通过外在表现来限定发明的技术方案。

因此，可以根据权利要求的是产品权利要求还是方法权利要求，权利要求的特征是外在特征还是内在特征，是结构性特征还是功能性特征来评价并对专利侵权判定性进行打分。产品权利要求比方法权利要求具有更高的分值，外在特征比内在特征具有更高的分值，结构特征比功能特征具有更高的分值。

课题组在进行专利分析时，需要将独立权利要求的每个技术特征分解出来，分析每个技术特征的专利侵权可判定性，并加权获得权利要求的专利侵权可判定性。

6.2.3　引证专利数量筛选规则

一项专利申请独立性的判断主要取决于待评估专利的实施是否依赖于其他专利。引证专利是指由申请人在说明书中写明的与该专利文献技术内容相关的专利文献。专利被引证数量是指某一专利被后续专利引用的次数，它可以反映此专利的重要程度。通常情况下，专利越重要，被引证的次数就越多。国外学者的研究已经证明，专利的被引数量反映了该专利的重要程度，特别是被引证10次以上的专利技术，其重要性更不容忽视。大多数专利公布以后都被淹没在专利文献的海洋里，也可能随着时间的推移会被后续的专利引用几次，而一项重要的专利出现以后则会围绕它出现大量的改进专利，这项重要专利被改进专利重复引用。如果一项专利被大量引用，说明它是其他专利技术的基础，在竞争中具有很强的优势并且可以成为交叉许可中的重要筹码；而如果一项专利申请在申请文献中较多引用他人专利，可能会受制于他人专利，则其价值较低。换一个角度说，如果某项专利引证其他专利的数量越少，说明该项专利技术更基础；如果某项专利引证其他专利的数量越多，说明该项专利技术已经比较成熟，主要是对现有技术的改进。专利的引证与企业的市场价值有显著正相关关系，专利被引证数量相比于引证数量具有更高的分值比重。

由于在某领域内被引证次数最多的专利文献，通常都涉及该领域的核心技术，因此，通过以专利申请的引证专利数量为入口进行筛选，能够快速、有效地命中核心技术，筛选出高价值专利申请。

6.2.4　诉讼次数筛选规则

发生诉讼纠纷的专利通常是比较重要的专利，而经过侵权和无效等法律诉讼程序后，仍然处于有效状态的专利必定是高价值专利。虽然总体上单个专利被诉讼的可能性并不高，但特定类型的专利权人价值高的专利更可能引发诉讼。[1] Zeebroeck 也发现往往具有潜在价值的专利会遇到更多的纠纷和诉讼。[2]

因此，可以通过国家知识产权局相关部门提供的信息获取专利的诉讼纠纷情况。根据专利经历诉讼的次数以及经诉讼验证后是否有效给出相应的分值，经历诉讼的次数越多，相应的分值越高。此外，根据诉讼验证后专利权全部无效、部分无效、维持有效三种情况递增分值。

---

[1] 胡彩燕，王馨宁. 专利价值评估方法探索综述 [J]. 中国发明与专利，2016（3）：119-122.

[2] ZEEBROECK V N. The puzzle of patent value indicators [J]. Economics of Innovation & New Technology，2011，20（1）：33-62.

6.2.5　专利寿命筛选规则

专利寿命又被称为专利有效期或专利长度。在绝大多数国家，专利所有人必须定期缴费才能确保专利受到保护。一般而言，专利申请维持费随着时间的推移而增高，在每一个时间段结束时，专利所有人都必须决定是否对专利续期。未续期会导致专利失效，让专利进入公共领域。只有当专利持有人认为专利产品所创造的收益（直接和潜在的收益）大于专利申请维持费的时候，专利持有人才会去缴纳专利申请维持费。因此，专利权人对专利的续展，缴纳专利申请维持费，反映了专利持有人对专利价值的判断，续交专利申请维持费的专利往往预示着更大的专利价值。而且，涉及诉讼发生的概率随着专利寿命增加而降低。越是维持时间长的专利，其防卫性越强，一部分原因是因为在先技术文献越难找到。在计算机领域，维持4年的专利是维持3年价值的3倍。

因此，本课题考虑用专利寿命作为一项筛选指标，专利寿命越长，相应的分值越高。

6.2.6　申请人和/或发明人筛选规则

专利权的主体是申请人，为该专利作出贡献的是发明人，申请人和/或发明人是专利技术的来源。各领域中的重要专利申请人和重要发明人往往在该领域中扮演技术领导者和市场的主要控制者的角色，而我们熟知的很多国际知名企业就是所在领域的重要专利申请人，例如苹果公司、微软公司、IBM等。这些国际知名企业拥有很多重要的核心专利，具备强劲的研发力量，擅长未雨绸缪做好专利布局规划。而我们还熟知一个重要发明人爱迪生，一生拥有1093项专利，发明了留声机、电灯、电力系统和有声电影等；在爱迪生之后还有一个美国专利大王莱默逊（Lemelson），一生拥有600多项专利，发明了自动仓库、工业机器人、无绳电话等。因此，在重要申请人和重要发明人递交的专利申请中出现重大专利申请的概率较高。

在确定重要申请人时，可通过分类号和关键词组合检索首先确定该领域的专利申请量总量，随后按照申请人进行专利申请数量统计排序，确定申请量排名靠前的申请人。对于申请量排名靠前的申请人，应尽可能深入挖掘出其所有表达方式。有的申请人虽然名称略有不同，但是可能实质上属于同一家母公司；或者虽然申请人名称不同，但是它们其实属于一个团队，比如高校依托企业的运行方式，因此可通过各种信息化手段以及调研该领域专家和企业对这些申请人再次进行归类。在此基础上，详细分析这些申请人的技术活跃程度、在所属领域的贡献、授权量、授权率等指标，并结合该领域专家和调研情况，确定最终的重点申请人名称。

在确定重点发明人及团队时，要综合考虑申请量、技术活跃程度、在所属领域的贡献、授权量、授权率等指标，并结合该领域专家、企业的调研情况。在确定重点发明人及团队时，还应该注意是否存在申请量并不占优势的重点研发人员团队。重点研发人员团队是由该领域内行业或技术专家带领的研发团队，其对于该领域行业的发展具有前瞻性和预见性，其研究成果一般水平较高。例如，通过调研发现北京大学的秦国刚团队是 OLED 领域内重要的研发团队。分析 OLED 领域的专利申请发现，该团队专利申请量仅有 6 件，其中有 1 件是十分重要的核心专利，另外 5 件专利的重要程度也较高。可见，通过以重点研发人员团队为入口进行筛选，能够快速命中高价值专利申请。

6.3 高市场价值专利筛选

现在的市场竞争，很大程度上就是知识产权尤其是专利的竞争。专利的市场价值可通过专利转让、交叉许可、侵权损害赔偿等途径实现。那些顺应时代发展的专利，往往可以撬动几十亿、上百亿的市场。知识产权的价值不仅仅在于自身的市场价格，更重要的是对企业内部竞争力和盈利能力的提升。从市场维度来看，高价值专利就是能够帮助企业开拓新的市场、实现高利润，让其站在利益价值链最顶端的高质量专利。从市场维度评价一项专利的价值，主要是对专利的技术领先程度等方面进行评估与分析，包括独立性、市场分布、政策适应性、产业现状等。

专利申请的市场价值更多的是从市场经济效益中体现出来，可以从以下几个方面进行筛选。

6.3.1 同族专利数量、3/5 局筛选规则

由至少一个共同优先权联系的一组专利文献，称一个专利族。同一专利族中每件专利互为同族专利。同族专利文献的数量和分布状况，反映了该发明创造潜在的国际技术市场和该申请人在全球的经济势力范围。通常一件专利只有在其申请的国家中被公开，才能获得保护。然而，如果在多个国家申请专利的话，费用比较大，专利权人往往会根据专利价值的判断、专利产品未来的目标市场及其预期收益来考虑在多大范围、在哪些国家/地区申请专利保护。专利权人要在申请和授权专利的时间、程序和成本与预期收益之间进行权衡，来决定专利保护的范围或宽度，因而专利申请保护的范围一定程度上反映了专利权人对专利价值的判断。因此，如果一个企业就一项发明创造在众多国家寻求保护，一般认为该发明创造有较高的市场价值及专利质量。在国外申请人同族申请数量多的情况下，同族专利进入中国，表示该专利申请人对其技术在中国市场有预期。

同时，考虑到一件同族申请进入的国家越多，费用、申请所花费精力等越大，因此从申请人的角度来分析，同族申请的数量越高，其专利的重要程度也越大，从而将申请人的同族数量作为筛选指标对于专利申请的重要性判定具有较大的意义。

然而，同族数量大小并不能线性反映专利的价值。帕特曼（Putnam）给出的价值权重，不仅与专利申请国/地区的数量有关，而且与这些国家/地区的组成有关。[1] 考虑到中欧美日韩五局较为重要，且全球大部分的专利申请都集中向五局进行申请，从操

---

[1] PUTNAM J. The Value of International Patent rights［D］. New Haven：Yale University, 1996.

作角度来讲,分析五局的同族数量或者分析专利申请是否向五局中的其中三局进行申请更能反映专利的质量。因此,本课题将专利申请是否是3/5局作为高价值专利筛选的一个指标。

此外,多国申请通常表明申请人对该专利申请的重视程度,但是对于国内申请人,特别是国内个人、中小型企业、高校等科研机构类型的申请人,向多国申请专利寻求保护的意识不足,统计案例中具有同族专利的申请仅占15%,因此在多国申请的得分中应当充分考虑专利权人的类型。

6.3.2 合作申请筛选规则

不同申请人的研发侧重点不同,合作申请通常是为了利用各自的长处,特别是研发侧重点不同、位于产业链不同位置的申请人合作申请的专利通常具有较高的市场价值。

例如,对于日本的整车企业丰田,离合器及摩擦材料是其最早使用碳纤维复合材料作为汽车部件的研究方向。自2010年开始,这一领域其与专门提供摩擦材料和塑料制品的爱信化工株式会社合作申请了6项专利,以及与主要从事轴类制品、精密模具的子公司大丰工业株式会社合作申请了1项专利。此外,丰田还与碳纤维制造商东丽合作申请了2项有关引擎罩盖的专利。丰田在汽车用复合材料最重要的专利技术之一——高压储氢罐技术,也是与其部件供应商株式会社电装、村田机械株式会社和科研机构日本自动车部综合研究所合作研发的成果。在2014年底,丰田推出的首款商用燃料电池汽车"MIRAI"中,就采用了这种高压储氢罐技术。这种高压储氢罐的塑料阻挡层采用高强度碳纤维取向螺旋状的碳纤维增强复合材料结构层三层结构,因此,碳纤维的使用量减少40%,壁厚降至25mm。"MIRAI"配备了一前一后两个储氢罐,一个是60.0公升的前罐,一个是62.4公升的后罐。丰田自1999年申请了第一项关于高压储氢罐的PCT申请,随后又申请了26项涉及这一技术的专利申请。

6.3.3 政策导向筛选规则

评估专利的市场价值,离不开对其政策导向的分析。通常情况下,如果专利技术所属技术属于国家和地方政府重点扶持的朝阳产业或新兴产业,那么评估时其市场价值相应较高。如果专利所属技术属于传统产业,则评估时其市场价值相应较低。这就需要课题组在进行分析之前,除了收集与专利相关的技术资料外,还要收集该专利技术的背景资料,例如国家与地方政府对应该项专利技术是否存在相关规定,该项专利技术是否是政策所鼓励和扶持的技术,是否有各种优惠政策等。通过查询高新技术产业和技术指导目录等可以知晓专利技术有无国家或地方政策鼓励或扶持,以及有无优惠政策。

例如在工业和信息化部发布的《石化和化学工业发展规划(2016—2020年)》中指出聚碳酸酯、聚甲基丙烯酸甲酯、乙烯-醋酸乙烯共聚树脂(EVA)、硅橡胶、丁基橡胶、二苯基甲烷二异氰酸酯、聚四氟乙烯、有机硅单体都属于代表性高端石化化工产品，而乙烯、丙烯、对二甲苯、甲醇、乙二醇、钾肥则属于传统化石化工产品。因此在筛选高市场价值专利时，对于涉及上述高端石化化工产品的专利技术应给予相对较高的分值，而涉及上述传统石化化工产品的专利技术应给予相对较低的分值。

6.3.4 专利经济性筛选规则

专利经济性是指专利市场价值的大小，而专利的价值链是产业链背后所蕴含的价值组织及创造的结构形式，其代表了产业链的价值属性。价值链的形成有效地实现了整个产业链的价值，反映价值的转移和创造。可见，价值链直接反映了专利的经济性，通过将专利申请在价值链中进行定位，可以直接确定其市场价值的大小。

如图6-9所示，从氟化工领域的价值链来看，从产业链的上游基础原料萤石开始，随着产品加工深度的增加，产品的附加值呈几何倍数增长，氟化工行业的价值重心在产业链的中下游。位于产业链中上游的氢氟酸、氟化盐和氟烷烃附加值较低，相应位于价值链的中下游。而位于产业链下游的含氟聚合物，如压缩比聚四氟乙烯树脂、燃料电池用全氟磺酸树脂膜和氟橡胶等，以及氟精细化学品，如高纯级氢氟酸、高纯级六氟磷酸锂和全氟辛酸铵替代品等产品加工深度以及技术要求高，其附加值较高，相应位于价值链的上游。

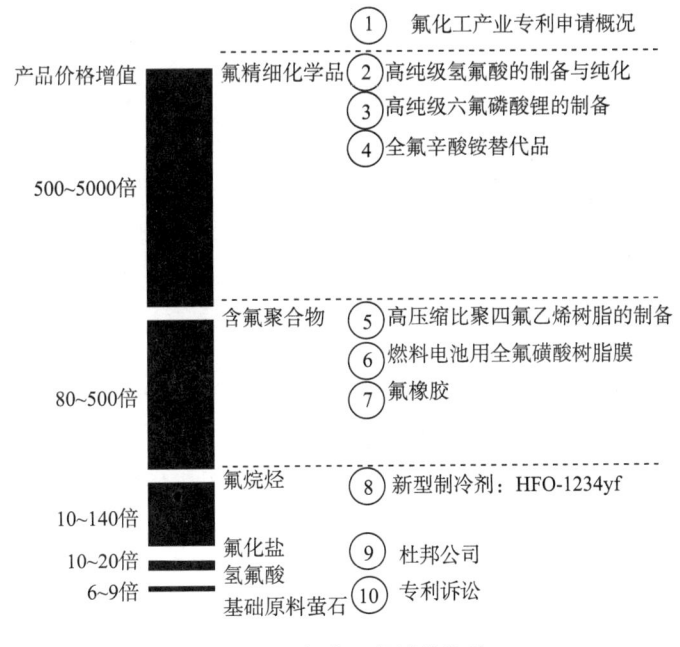

图6-9 氟化工领域价值链

课题组在进行专利分析时，首先应当确定该领域的产业链，明确产业链的上中下游所涉及的技术点，再依据各技术点所对应的市场价值确定该领域的价值链。应注意，产业链和价值链的上中下游并非都如氟化工领域呈反向关系。每个领域都存在其特殊性，因而其产业链上中下游所涉及的技术点所对应的市场价值也存在较大差别。课题组应根据各领域产业链及相关技术点，确定符合该领域特点的价值链，进而确定每个技术点所对应的相关专利申请的市场价值。

6.3.5 技术成熟度筛选规则

技术成熟度是衡量专利的市场价值的一个重要因素。通过对专利的技术成熟度进行研究从而判断某一技术在该类技术进化过程中所处的阶段，主要从以下两个方面考察专利的技术成熟度：

（1）技术生命周期

根据专利所属技术领域的专利申请数量和申请人数量，分析技术处于萌芽期、发展期、成熟期、衰退期哪一阶段，处于发展期和成熟期的专利是该领域的研究热点，相应的市场价值较高，因此给出的分值随发展期、成熟期、萌芽期和衰退期而递减。

（2）专利增量分布

考察在技术领域专利申请或授权数量增长的时间分布，专利申请或授权数量增长幅度较大的专利是该领域的研究热点，相应的市场价值较高，因此给出的分值随增量值的增大而增大。

6.3.6 市场认可度筛选规则

专利的实施情况反映出了市场对专利的认可程度，会影响专利的预期经济收益，进而影响专利技术的市场价值。主要从以下四个方面考察市场认可度：

（1）市场应用

通过行业专家协助判断市场上有没有与专利技术对应的产品或者基于专利技术生产出的产品，确定该专利技术的市场应用。如果市场上有与专利技术对应的产品或者基于专利技术生产出的产品，则分值相对较高；如果该项专利技术未在市场上应用且难于应用，则分值相对较低。

（2）市场规模前景

市场规模前景是指专利技术经过充分的市场推广后，在未来其对应专利产品或工艺总共有可能实施的销售效益。该效益是通过将理想情况下同类产品的市场规模乘以专利产品可能占到的份额计算得到。市场规模前景越大，专利相应的分值越高。

（3）市场占有率

根据专利技术可能在市场上占有的份额来确定市场占有率。如果专利产品已经投入市场，则主要考察专利产品在市场占有的数量比例；如果专利产品还没有投入市场，则根据功能和效果最接近的成熟产品所占有的比例进行估计。占有率越高，分值越高。

（4）竞争情况

根据与该专利技术构成直接竞争关系的产品或技术的持有者或实施者与该专利的持有人之间的实力，例如公司的总体营业额对比来确定竞争情况。如无竞争对手，则分值较高，如竞争对手很强，则分值较低。

6.4 小　结

（1）专利运用工作的基础就是要能够明确专利的技术、法律和市场价值，做好高价值专利的筛选培育工作。在专利分析工作中加强高价值专利筛选对应的分析工作，能够使得专利分析工作更好地服务专利运用，助力专利运用工作的开展；还能够充分发挥国家知识产权局专利局审查工作的双向传导作用，向前推动创新，向后推动运用，为国家产业和经济发展作出切实贡献。

（2）高价值专利的筛选分析，包括高技术价值专利的筛选、高法律价值专利的筛选和高市场价值专利的筛选。

（3）专利的技术价值是专利能够成为高价值专利的决定性因素。关于高技术价值专利筛选，可以从重点领域、关键技术、技术链、技术路线图、技术创新高度等角度展开分析。

（4）专利的法律价值是专利享有法律赋予其独占权的保障，是专利市场转化中的主要因素。高法律价值专利筛选的分析方法，主要是分析权利要求项数、技术特征数量、权利要求类型、引证专利数量、诉讼次数、专利寿命、申请人和/或发明人等。

（5）高市场价值的专利可帮助企业开拓市场，实现经济价值。专利的市场价值更多是从市场经济效益上得以体现。高市场价值专利的筛选分析方法，主要分析同族专利数量、合作申请、政策导向、价值链、专利许可转让、专利实施情况等。

（6）在高价值专利筛选的分析中，需结合上述各个分析项目，给出可检索和分类信息，明确专利技术、法律和市场价值高低的评价标准，以便于快速、准确地筛选得到高价值的专利（申请），并给出课题组已筛选得出的高价值专利清单。